MR 智能眼镜开发实战

疯壳团队　张基隆　陈至钊　崔为初　艾　韬　著

西安电子科技大学出版社

内 容 简 介

VR 和 AR 作为当前计算机科学应用领域的新热点，吸引了大批开发者的关注，相关产品也在迅速进入市场。介导现实(Mediated Reality，MR)是由"可穿戴技术之父"——多伦多大学教授 Steve Mann 提出的智能技术，它通过数字化现实与数字化画面达到完全的数字化视觉感知，完整地包含了虚拟现实与增强现实。

本书描述了 MR 智能眼镜研发的知识点、开发过程及实现步骤，包含了硬件及软件内容开发的所有部分，完整地介绍了 MR 包含的知识体系及实践指导，并提供了手把手的样例教学及代码。总的来说，MR 智能眼镜的研发包括了电路板设计、FPGA 设计与开发、驱动开发、计算机视觉软件开发、计算机图形学软件开发等内容。全书共 3 章，第 1 章和第 2 章讲述了开发准备和开发基础，第 3 章详细介绍了开发过程、工作代码等。

对于希望从事 VR/AR/MR 行业研发工作的在校大学生、开发者来说，这是一本入门教材；对于 VR/AR/MR 相关行业从业者来说，本书具有一定的参考与指导价值。

本书配套的源码、视频、套件以及书中所有链接内容都可以通过疯壳网站(https://www.fengke. club/GeekMart/su_fsqoqeP0Z.jsp)获取。

图书在版编目(CIP)数据

MR 智能眼镜开发实战 / 疯壳团队等著.—西安：西安电子科技大学出版社，2018.12
ISBN 978−7−5606−5144−6

Ⅰ. ① M⋯　Ⅱ. ① 疯⋯　Ⅲ. ① 移动终端—智能终端—开发　Ⅳ. ① TP334.1

中国版本图书馆 CIP 数据核字(2018)第 255720 号

策划编辑　高樱
责任编辑　黄菡　阎彬
出版发行　西安电子科技大学出版社(西安市太白南路 2 号)
电　　话　(029)88242885　88201467　　邮　编　710071
网　　址　www.xduph.com　　电子邮箱　xdupfxb001@163.com
经　　销　新华书店
印刷单位　陕西利达印务有限责任公司
版　　次　2018 年 12 月第 1 版　　2018 年 12 月第 1 次印刷
开　　本　787 毫米×1092 毫米　1/16　印　张　6.5
字　　数　149 千字
印　　数　1～3000 册
定　　价　25.00 元

ISBN 978−7−5606−5144−6 / TP
XDUP 5446001−1
如有印装问题可调换

前　　言

　　虚拟现实简称 VR，是指利用电脑模拟产生一个三维的虚拟世界，提供用户关于视觉等感官的模拟，让用户身临其境，可以及时地、没有限制地观察并感知三维空间内的事物。自从 Facebook 于 2014 年 3 月以 20 亿美元收购 Oculus VR 以来，VR 技术得到了迅速发展，一定程度上成为 2014 至 2016 年的科技圈热点，并逐渐进入了商用及个人消费领域。

　　增强现实简称 AR，是指透过摄影机影像的位置及角度精算并加上图像分析技术，让屏幕上的虚拟世界能够与现实世界场景进行结合与互动的技术。增强现实技术随着智能手机的发展与普及，在游戏娱乐、广告等领域得到越来越广泛的应用。

　　本书具有以下特点：

　　(1) 实用性强。本书以真实商业产品研发为例，详细讲解了 MR 智能头显的开发。

　　(2) 内容全面。本书覆盖了 MR 开发从基础知识到实战样例的全部内容，包含了虚拟现实与增强现实的开发实例。

　　(3) 实验可靠。本书所有代码、实战，都是商用产品开发过程当中的成果，全部经过验证。

　　(4) 售后答疑。所有读者可在疯壳官网社区(https://www.fengke.club/GeekMart/su_fsqoqeP0Z.jsp)提问，笔者与众多开发者将一起维护好社区。

　　本书适用范围：

　　(1) 从事 VR/AR/MR 行业的研发工程师。

　　(2) 从事 VR/AR/MR 培训的机构与单位。

　　(3) 高校计算机科学相关专业教师与学生(本书可作为高校实验课程教材)。

　　本书由张基隆、陈至钊、崔为初、艾韬共同编写。感谢黄仁芳、顾天宇在本书编写过程中提供的帮助与支持。

编　者

2018 年 9 月

目　　录

第1章　开发准备 1

1.1　MR 简介 1

1.2　硬件开发环境的搭建 1

   1.2.1　硬件的准备和连接 5

   1.2.2　建立 FPGA 工程 6

   1.2.3　配置 FPGA 10

   1.2.4　BIT 文件转换成 MCS 文件 14

   1.2.5　烧录 MCS 文件到 Flash 16

1.3　软件开发环境的准备 18

   1.3.1　下载并安装 OpenCV 18

   1.3.2　添加 OpenCV 路径到系统环境变量 20

   1.3.3　Visual Studio 中 OpenCV 工程的创建 23

第2章　开发基础 32

2.1　Camera 开发基础 32

2.2　USB 3.0 输出 34

   2.2.1　UVC 简介及使用说明 34

   2.2.2　FPGA 中 UVC 相关逻辑的说明 36

2.3　FPGA 简介 39

2.4　软件理论介绍 39

   2.4.1　数字图像基础 39

   2.4.2　摄像机模型和坐标系 40

   2.4.3　计算机图形学基础 41

第3章　开发实战 46

3.1　硬件主板设计 46

   3.1.1　图像传感器电路设计 46

   3.1.2　DDR3 电路设计 49

   3.1.3　USB 3.0 电路设计 49

3.2　FPGA 实现数字图像处理 53

   3.2.1　顶层设计 53

   3.2.2　上电时序 54

   3.2.3　时钟管理 54

   3.2.4　按键处理 54

   3.2.5　曝光控制 56

3.2.6　摄像头信号重产生 57

3.2.7　像素位宽处理 58

3.2.8　Bayer 转 RGB 59

3.2.9　RGB 转 YC 60

3.2.10　DDR3 视频帧缓存 61

3.2.11　曝光融合 64

3.2.12　输出选择 67

3.2.13　直方图均衡 68

3.2.14　IMU 数据整合到视频流 69

3.3　双目摄像机校准与视频透视 71

3.3.1　相机内参数 71

3.3.2　如何求相机参数 73

3.3.3　参数文件说明 79

3.3.4　双目视频透视源码工程 80

3.4　VR 场景开发 82

3.4.1　3DOF VR 概念与简介 82

3.4.2　用 VMG-PROV 实现 3DOF VR 应用 83

3.5　利用 VMG 实现 SLAM 定位及环境感知 AR 应用 87

3.5.1　SLAM 与 ORB-SLAM2 87

3.5.2　利用 VMG-PROV 运行 ORB-SLAM2 进行定位并在 Unity 中制作 AR 应用 ... 88

附录 95

参考文献 98

第 1 章　开发准备

1.1　MR 简介

　　介导现实，是由"可穿戴技术之父"——多伦多大学教授 Steve Mann 提出的一项智能显示技术。不同于虚拟现实和增强现实，介导现实是数字化现实 + 虚拟数字画面。

　　在 20 世纪七八十年代，为了增强自身视觉感知，让眼睛在任何情境下都能够"看到"周围环境，Steve Mann 设计出可穿戴智能硬件，这被看做是对 MR 技术的初步探索。

　　VR(Virtual Reality)是纯虚拟数字画面，而 AR(Augmented Reality)是在现实上叠加数字画面。目前主流近眼 AR 技术存在视场角小、虚拟物体无法遮挡真实物体等诸多问题。

　　AR 和 VR 技术都是 MR 的子集合，一副 MR 的眼镜可以实现 AR 和 VR 功能且具有视场角大、虚拟物体完美遮挡真实物体等特点。在此基础上，MR 眼镜还可实现修正现实、削弱现实等其他智能眼镜不具备的功能。

　　根据 Steve Mann 的理论，智能硬件最后都会从 VR、AR 技术逐步向 MR 技术过渡。有研究机构预估到 2020 年，全球头戴虚拟现实设备年销量将达 4000 万台左右，市场规模约 400 亿元人民币，加上内容服务和企业级应用，市场容量将超过千亿元人民币。如今，腾讯、阿里、暴风影音等一线科技企业也加入到 VR、AR 设备的研发中，势必会推动 VR、AR、MR 技术更快地前进。

1.2　硬件开发环境的搭建

　　开发 MR 智能眼镜，硬件是必不可少的。本书提供了一套开源的 MR 智能眼镜，命名为 VMG-PROV(以下简称 VMG)，其硬件核心采用 FPGA 设计。下面先重点介绍 FPGA 设计部分。

　　视频透视优于光学透视的一个关键点是对现实画面的修改。在软件上测试出来的算法如果能通过 FPGA 实现或加速，对于减少延时是有很大帮助的。在本书配套的 FPGA 工程中，包含了一个实时高动态范围图像合成和映射功能，即通过 FPGA 控制图像传感器高速变换曝光，然后通过曝光融合模块选择出由暗到亮每张图中最好的部分进行实时合成，从而生成"高动态范围图像"(Hish Dynamic Range HDR)，如图 1-1 所示。

图 1-1　基于 FPGA 的实时高动态范围图像

VMG-PROV 中开源的整个系统架构如图 1-2 所示。从图像传感器进来的原始数据将完全在 FPGA 上进行图像信号处理(Image Signal Process，ISP)，之后合成的 HDR 视频流将通过 USB 3.0 传到 PC 中，通过 FPGA 配合 PC 端的需求，进一步解决视频透视(Video See Through，VST)的画面延时问题。

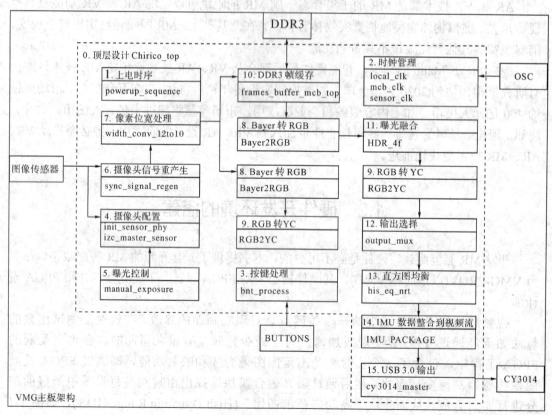

图 1-2　VMG-PROV 主板架构

在这个工程中，所有 FPGA 模块的源代码根据表 1-1 所示文档顺序列出。

表 1-1　FPGA 源代码列表

0	顶层	.../top/RTL/Chirico_top.v
		.../top/UCF/Chirico_top.ucf
1	上电时序	.../powerup_sequence/RTL/powerup_sequence.v
2	时钟管理	.../clock/IP/local_clk/local_clk.xco
		.../clock/IP/mcb_clk/mcb_clk.xco
		.../clock/IP/sensor_clk/sensor_clk.xco
3	按键处理	.../bnt_process/RTL/bnt_process.v
4	摄像头配置	.../config_sensor/RTL/local_clk/init_sencor_phy.v
		.../config_sensor/RTL/mcb_clk/i2c_master_sensor.v
5	曝光控制	.../auto_exprsure/RTL/ae_signal.v
		.../auto_exprsure/RTL/hdr_ae_signal.v
		.../auto_exprsure/RTL/auto_exposure.v
		.../auto_exprsure/IP/ae_weight_x.xco(ae_weight_1080.coe)
		.../auto_exprsure/IP/ae_weight_y.xco(ae_weight_1080.coe)
		.../auto_exprsure/IP/ae_fifo.xco
		.../auto_exprsure/IP/div_ae.xco
		.../auto_exprsure/IP/ev_rom.xco(ar0230_ev.coe)
		.../his_eq/IP/his_ram_dp.xco
6	摄像头信号重产生	.../sensor_sync_signal_regen/RTL/sensor_sync_signal_regen.v
7	像素位宽处理	.../width_conv_12to10/IP/width_conv_12to10_rom.xco(width_conv_12to10.coe)
8	Bayer 转 RGB	.../Bayer2RGB/RTL/Bayer2RGB.v
		.../Bayer2RGB/RTL/ROLLINGBUFF_bayerRGB.v
		.../Bayer2RGB/IP/double_port_ram_bayer2rgb.xco
9	RGB 转 YC	.../YC_RGB_convertion/RTL/RGB2YC.v
		.../YC_RGB_convertion/RTL/RGB2YCbCr.v
		.../YC_RGB_convertion/RTL/YCbCr2YC.v
10	DDR3 帧缓存	.../frames_buffer/RTL/frames_buffer_mcb_top.v
		.../frames_buffer/RTL/M_mcb_write.v
		.../frames_buffer/RTL/M_mcb_read.v

序号	名称	路径
10	帧缓存	…/frames_buffer/RTL/frames_buffer_mcb.v
		…/frames_buffer/IP/mcb_wr_fifo_36x2048/mcb_wr_fifo_36x2048.xco
		…/frames_buffer/IP/mcb_rd_fifo_32x2048/mcb_rd_fifo_32x2048.xco
		…/frames_buffer/IP/mcb_rd_addr_fifo_32x256/mcb_rd_addr_fifo_36x256.xco
		…/frames_buffer/IP/user_design/…
11	曝光融合	…/HDR/RTL/HDR_4f.v
		…/HDR/RTL/div_uu.v
		…/HDR/RTL/div_su.v
		…/HDR/IP/weight_sum_rom.xco(gaussian.coe)
12	输出选择	…/output_mux/RTL/output_mux.v
13	直方图均衡	…/his_eq/RTL/his_eq_nrt.v
		…/his_eq/RTL/arithmetic_unit.v
		…/his_eq/RTL/create_cumulative_sum.v
		…/his_eq/RTL/cumulative_sum.v
		…/his_eq/RTL/float_separate.v
		…/his_eq/RTL/equalize.v
		…/his_eq/RTL/histogram.v
		…/his_eq/RTL/maxuhp1.v
		…/his_eq/RTL/taylor_series_expansion.v
		…/his_eq/IP/equalize_ram.xco
		…/his_eq/IP/fixed_to_float.xco
		…/his_eq/IP/float_add.xco
		…/his_eq/IP/float_div.xco
		…/his_eq/IP/float_mult.xco
		…/his_eq/IP/float_sub.xco
		…/his_eq/IP/float_to_fixed.xco
		…/his_eq/IP/his_ram_dp.xco

续表二

14	IMU 数据整合到视频流	.../IMU_package/RTL/IMU_PACKAGE.v
		.../IMU_package/RTL/uart_rx.v
		.../IMU_package/IP/imu_data_fifo.xco
		.../IMU_package/IP/rom_imu_encode.xco
15	USB 3.0 输出	.../USB_cy3014/RTL/cy3014_master.v
		.../USB_cy3014/IP/cy3014_data_fifo.xco

下载 FPGA 源码地址：https://github.com/LokiZhangC/VisionerTech_VMG-PROV_FPGA 或 https://www.fengke.club/GeekMart/su-fsqoqePOZ.jsp。

下载好之后，所有 FPGA 源码自动保存在 design 文件夹下，或将下载好的 FPGA 源代码保存在根目录下的 xxx\design 文件夹下。

1.2.1　硬件的准备和连接

在开始调试之前需拆开 VMG-PROV 面板，拆开面板之后的 VMG-PROV 主板如图 1-3 所示(参考 VMG 快速安装手册)。VMG-PROV 主板上有两块 FPGA，所以提供了两个 JTAG 调试口。图 1-3 中圆圈处即为 JTAG 调试口。

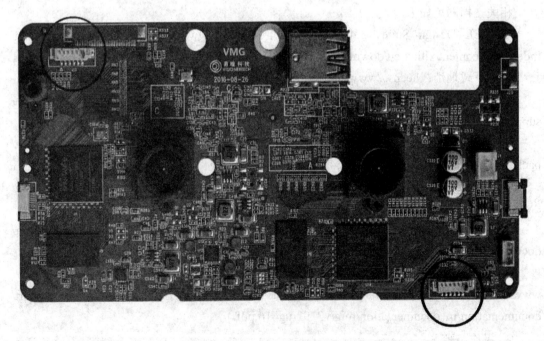

图 1-3　VMG-PROV 主板

按照图 1-4 所示将相关连线接好，其中 FPGA 烧录器通过 USB 线连接 PC，VMG-PROV 自带的 USB 线和 HDMI 线也与 PC 连接。连接好之后 VMG-PROV 会自动开机上电，至此调试的硬件环境搭建完成。

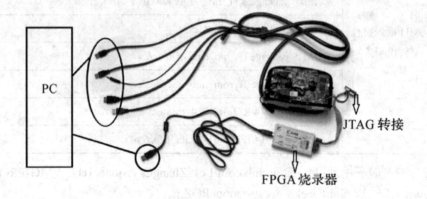

图 1-4　VMG-PROV 硬件连接

1.2.2　建立 FPGA 工程

1. 开发工具及相关文档

VMG-PROV 主板使用的是美国 Xilinx 公司的 Spartan-6 LX45 CSG324，开发软件使用的是 Xilinx ISE Design Suite 13.4 (以下简称 ISE)。在使用之前需要安装相关软件工具并申请或购买相关 License。

相关文档网址如下：

(1) ISE Design Suite 13.4 的下载地址：https://www.xilinx.com/support/download/index.html/content/xilinx/en/downloadNav/design-tools/archive.html。

备用下载地址：heeps://www.fengke.club/GeekMart/。

(2) 关于 ISE 的文档可在 Xilinx 的官网中找到，网址如下：https://www.xilinx.com/support.html #documentation。

(3) Spartan6 lx45 csg324 芯片管脚封装定义网址如下：https://www.xilinx.com/support/packagefiles/s6packages/6slx45csg324pkg.txt。

(4) Xilinx 约束文件指南网址如下：https://china.xilinx.com/support/documentation/sw_manuals/xilinx14_7/cgd.pdf。

(5) Spartan6 时钟资源用户手册网址如下：https://www.xilinx.com/support/documentation/user_guides/ug382.pdf。

(6) 更多关于 Xilinx Spartan6 DDR3 控制器的用法请在下列网址查阅：https://www.xilinx.com/support/documentation/user_guides/ug388.pdf、https://www.xilinx.com/ support/documentation/ip_documentation/mig/v3_92/ug416.pdf。

2. 操作步骤

(1) 在"开始"菜单中找到 Xilinx ISE 开发软件并点击打开，如图 1-5 所示。

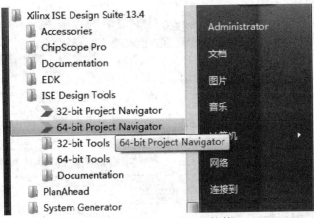

图 1-5 打开 Xilinx ISE 软件

(2) 在 ISE 菜单栏选择 "File" → "New Project",在图 1-6 所示的界面选择工程存放位置和工程名称,工程存放位置和名称可以自定义,选好之后点击 "Next" 按钮。

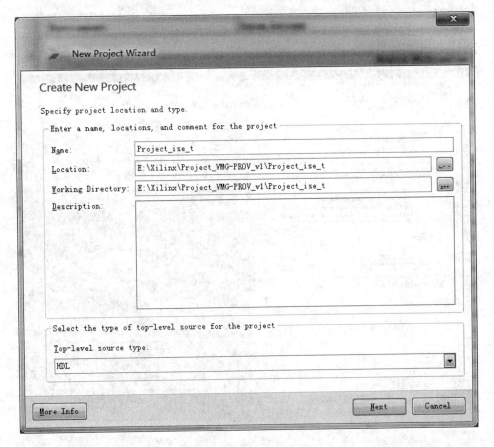

图 1-6 新建 Xilinx ISE 工程

(3) 在图 1-7 所示界面的 Family、Device、Package 和 Speed 栏分别选择 Spartan6、XC6SLX45、CSG324 和-2,这些选项将 FPGA 的芯片型号确定为 Spartan-6 LX45 CSG324。选好之后点击 "Next" 按钮,再点击 "Finish" 按钮。

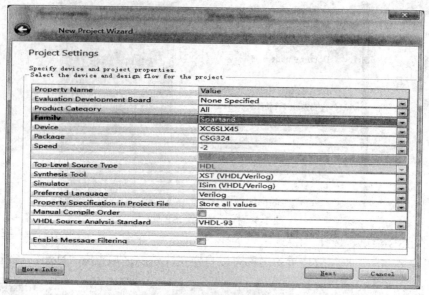

图 1-7　在新建工程中选择 FPGA 型号

至此，一个新的工程就建好了，如图 1-8 所示。

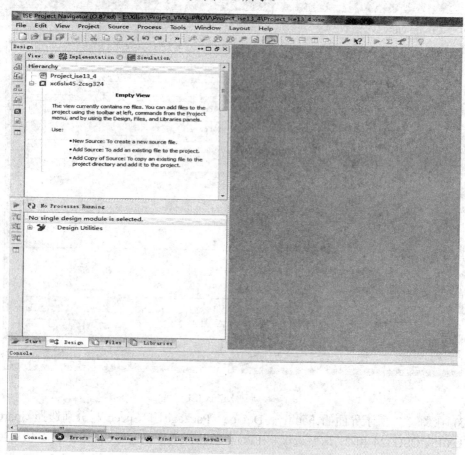

图 1-8　新建的空工程

接下来需要添加所有的源代码(RTL)和 IP。在 Hierarchy 界面点击鼠标右键，选择"Add Source"，如图 1-9 所示，依次添加 design 文件夹下各个模块的源代码(RTL)和 IP 文件(IP 文件的后缀是 .xco)。

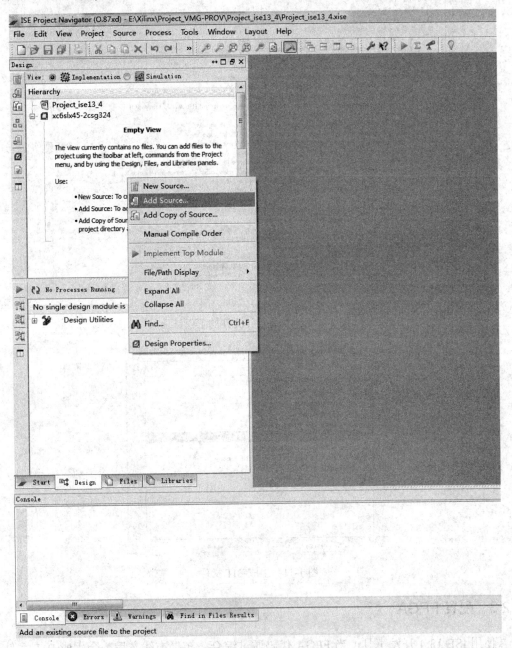

图 1-9　在新建的工程中添加设计文件

添加完源代码(RTL)和 IP 之后的层级结构如图 1-10 所示。

至此，一个完整的 FPGA 工程就搭建好了，双击"Processes"界面下的"Generate Programming File"，如图 1-11 所示，ISE 软件工具会自动进行综合(Synthesize)和布局布线 (Implement Design)，最终生成 BIT 文件(文件后缀为 .bit，整个过程需要 20 分钟左右)。

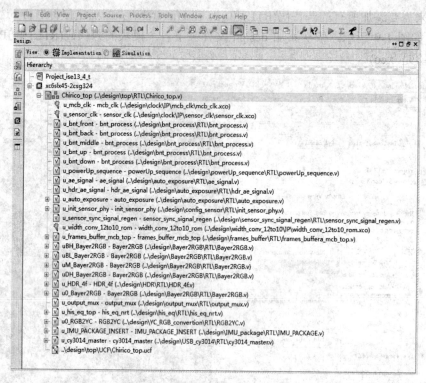

图 1-10　添加完设计文件的工程目录

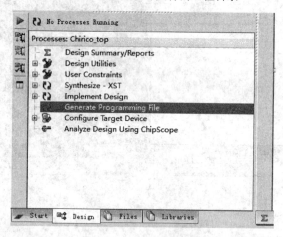

图 1-11　生成 BIT 文件

1.2.3　配置 FPGA

使用 ISE 13.4 开发工具，当 FPGA 代码通过综合、布局布线之后，会生成 BIT 文件，用于直接配置 FPGA。在调试过程中一般只需要将 BIT 文件快速配置到 FPGA，查看功能验证是否正确即可。

配置步骤如下：

(1) 在"开始"菜单找到 ISE 安装目录，打开 iMPACT，如图 1-12 所示。

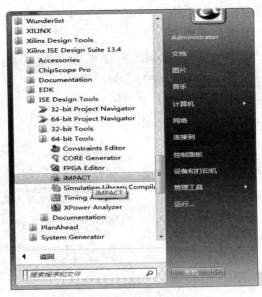

图 1-12 打开 FPGA 配置软件 iMPACT

(2) 第一次打开 iMPACT 如图 1-13 所示，双击左上角"Boundary Scan"，打开边界扫描界面，如图 1-13 所示。

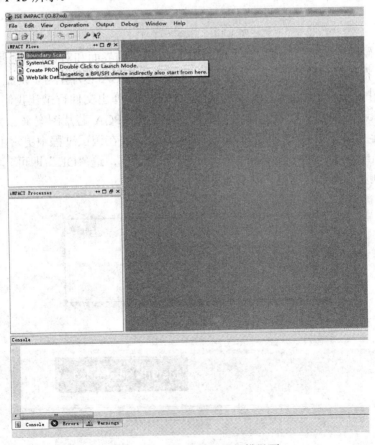

图 1-13 iMPACT 的边界扫描界面

(3) 在边界扫描界面的任意位置点击鼠标右键，选中"Initialize Chain"，软件会自动扫描与 JTAG 连接的 FPGA 芯片，如图 1-14 所示。

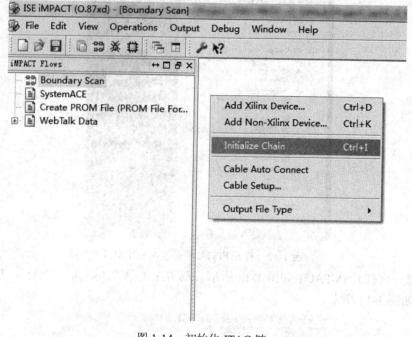

图 1-14　初始化 JTAG 链

(4) 如果硬件连接没有问题，会出现如图 1-15 所示的界面和对话框，同时显示"Identify Succeeded"，在边界扫描界面左上角会出现扫描到的 FPGA 芯片型号，对话框询问是否要加载 BIT 文件，可以选"Yes"或"No"。选"Yes"会弹出文件目录让我们选择一个 BIT 文件；选"No"时可以手动双击边界扫描界面左上角 FPGA 芯片图案来加载 BIT 文件。在这里我们选"No"，用手动加载的方式，因为这种方式在调试过程中更常用。在选"No"之后还会弹出配置属性(Programming Properties)的对话框，选"OK"即可。如果失败请检查硬件连接以及设备是否上电，然后重新执行第(3)步。

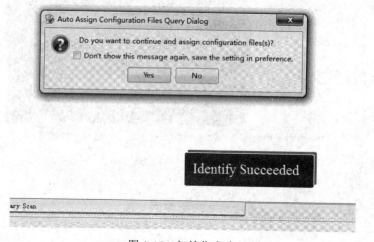

图 1-15　初始化成功

（5）双击左上角的芯片图标 ，会弹出 BIT 文件目录选择对话框，如图 1-16 所示，选择已配置好的 BIT 文件，点击"打开"按钮。

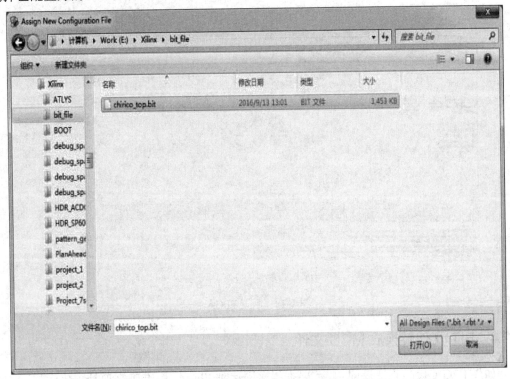

图 1-16　选择 BIT 配置文件

（6）接着会弹出询问是否也加载烧录 Flash 文件的对话框，如图 1-17 所示。在这里，我们选择"No"。

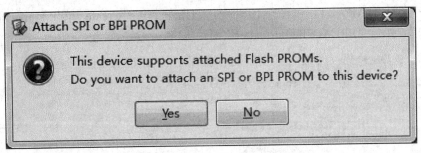

图 1-17　选择配置文件属性菜单

（7）选好 BIT 文件之后就可以配置 FPGA 了，如图 1-18 所示，将鼠标移动到图标 上，点击鼠标右键，选择第一项"Program"，还会弹出配置属性(Programming Properties)的对话框，选择"OK"即可。当进度条跑完时，会显示"Program Succeeded"，表示配置 FPGA 成功。

图 1-18　配置 FPGA

1.2.4　BIT 文件转换成 MCS 文件

如果 FPGA 代码验证没问题，需要把程序固化到 FPGA 上(准确来说是固化到与 FPGA 相连的 Flash 上)。首先需要把 BIT 文件转换成 MCS 文件(文件后缀为.mcs)，iMPACT 工具提供了这个转换功能。

转换步骤如下：

(1) 首先打开 iMPACT，如图 1-19 所示，双击左上角 "Create PROM File(PROM File Formatter)"，弹出 "PROM File Formatter" 对话框。

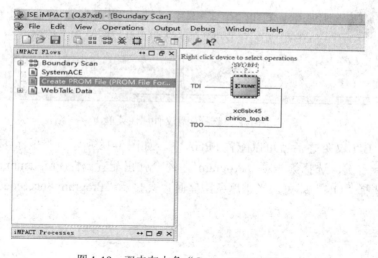

图 1-19　双击左上角 "Greate PROM File"

(2) 在 "PROM File Formatter" 对话框中需要选择 Flash 的大小，指定，MCS 文件名、文件存放位置等，操作步骤如图 1-20 所示，其中第③步是选择 Flash 的大小，VMG-PROV 上用的 Flash 型号是 W25Q128BV，大小 128 Mbit，第⑥步指定 MCS 文件名，第⑦步指定 MCS 文件存放位置，选好之后点击 "OK" 按钮。

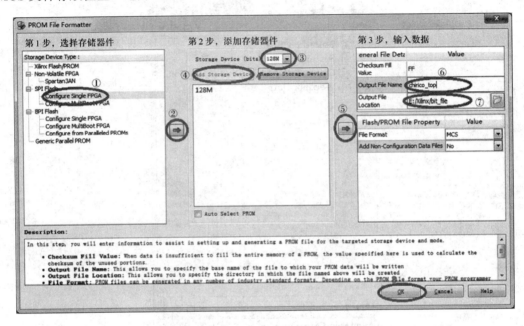

图 1-20　设置 "PROM File Formatter" 对话框

(3) 在弹出的 "Add Device" 对话框中，点击 "OK" 按钮会弹出选择转换 MCS 文件所需要的 BIT 文件，如图 1-21 所示。选择需要转换的 BIT 文件，再点击 "打开" 按钮，会继续弹出 "Add Another Device" 对话框，选择 "No"。

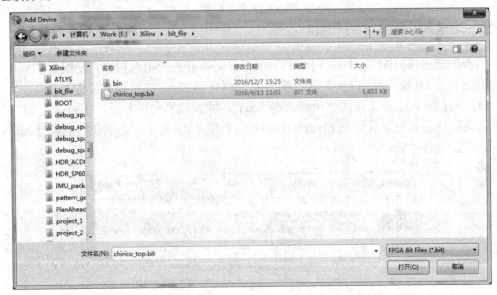

图 1-21　选择转换成 MCS 的文件

（4）设置好之后双击左下角"Generate File"，如图 1-22 所示，当出现"Generate Succeeded"提示框时，说明文件转换成功。

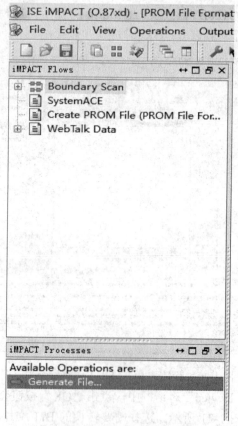

图 1-22　双击左下角"Generate File"

1.2.5　烧录 MCS 文件到 Flash

当我们把生成的 MCS 文件固化到 Flash 后，每次开机上电就可以自动配置 FPGA 了。下面介绍烧录 MCS 文件到 Flash 的步骤(把程序固化到 Flash 的过程通常称为烧录)。

（1）单击图 1-22 左上角的"Boundary Scan"，回到边界扫描界面。在加载完 BIT 文件之后，会弹出是否也加载烧录 Flash 的询问框，如图 1-23 所示；由于我们已经有 MCS 文件了，所以选择"Yes"。

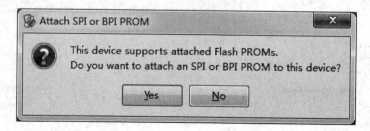

图 1-23　烧录 Flash 的询问框

(2) 添加 MCS 文件。选择需要加载的 MCS 文件，然后点击"打开"按钮，如图 1-24 所示。

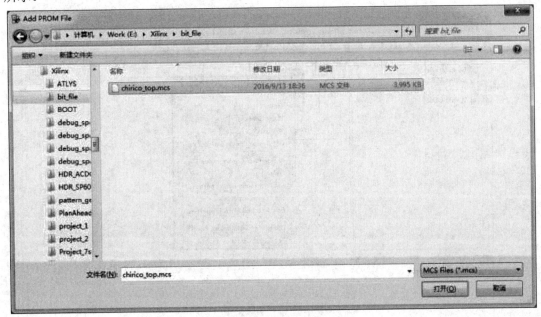

图 1-24 添加 MCS 文件

(3) 此时会弹出 Flash 型号选择对话框，在图 1-25 中圆圈处的下拉菜单中选择 "W25Q128BV" 型号，点击"OK"按钮之后在图标 上会多出一个 Flash 的图标，如 图 1-26 所示。

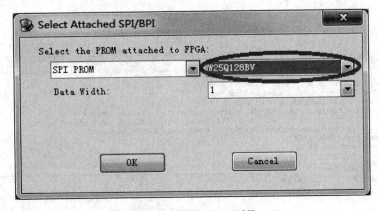

图 1-25 选择 Flash 型号

图 1-26 Flash 图案

(4) 将鼠标移到 Flash 图案处，点击右键，选择"Program"，如图 1-27 所示，此时软件会自动烧录 MCS 文件到 Flash。等进度条完成后，会显示"Program Succeeded"提示框，表示烧录成功。

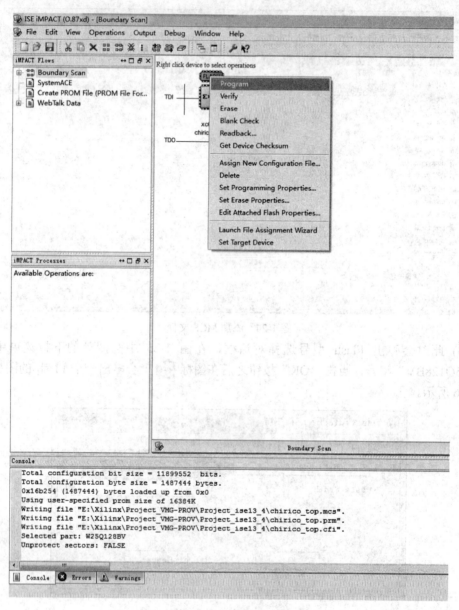

图 1-27　配置 Flash

1.3　软件开发环境的准备

1.3.1　下载并安装 OpenCV

OpenCV 是封装了前沿且比较成熟的计算机视觉算法的开源库，后面第 3 章中的 VMG

开源项目如双目校准、视频透视等都是基于 OpenCV 这个开源视觉库的。

　　目前，在 OpenCV 官网的 Release 页面下，我们能看到现有的 Release 的版本：https://opencv.org/releases.html。

　　当前，OpenCV 主要有两个常用的 Release 版本，它们分别是 3.3.1 版本和 2.4.13.4 版本，这两个版本略有不同，本章以 2.4.13.4 为例，讲解怎样安装 OpenCV，步骤如下。

　　(1) 点击如图 1-28 所示 2.4.13.4 版本下面的 Win pack，我们会通过下载得到一个如图 1-29 所示的 exe 文件。

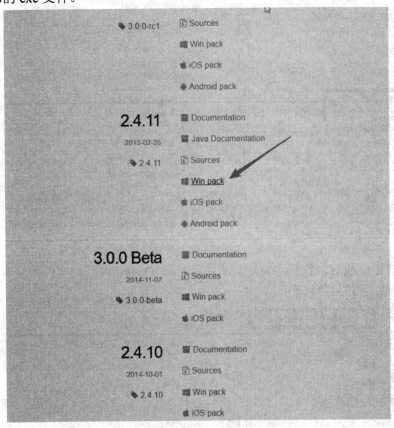

图 1-28　OpenCV 下载

图 1-29　OpenCV 的 exe 文件

　　(2) 这个 exe 文件是一个压缩包，双击它会把源码和预编译的文件解压缩到你选择的指定路径。这里我们选择的路径是 C 盘根目录下的 OpenCV2411 文件夹，如图 1-30 所示。

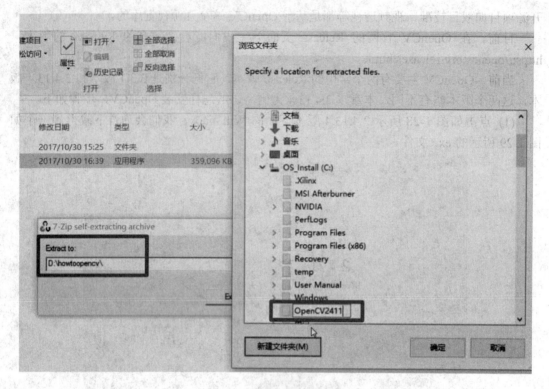

图 1-30　OpenCV 安装位置

（3）待解压完成后，打开之前定义的路径，即 OpenCV2411 文件夹，再进入里面的 opencv 文件夹，如图 1-31 所示。

图 1-31　OpenCV 路径

有两种方法使用 OpenCV 库：第一种方法是使用 source 文件夹下的 OpenCV 源码(可以直接从这里编译)；第二种方法是使用 build 文件夹下 OpenCV 编译好的头文件、库文件等。第二种方法是比较适合新手使用的，这里我们就采用这种方法即使用在 build 文件夹下 x64 和 x86 文件夹所对应的文件进行操作。

对用 OpenCV 源码编译有兴趣的同学，可以学习 OpenCV 官网的教程并进行尝试。

1.3.2　添加 OpenCV 路径到系统环境变量

在调用 dll 之前，需要把 OpenCV 的 dll 文件(安装目录下的 bin 文件夹)添加到系统环境变量里面，步骤如下。

（1）右键单击"此电脑"，选择"属性"，如图 1-32 所示。

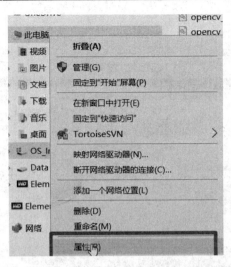

图 1-32　属性设置

(2) 选择"高级属性"设置，再点击"高级"选项卡下面的"环境变量"设置按钮，如图 1-33 所示。

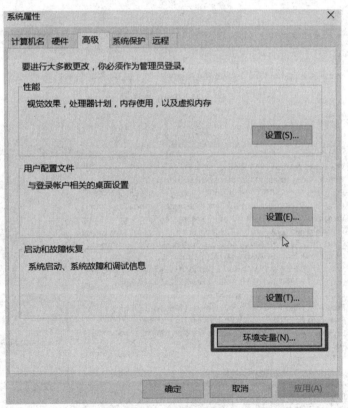

图 1-33　"高级"选项卡

(3) 双击"系统变量"下面的"Path"，如图 1-34 所示，然后添加上 OpenCV 中与所用机器和 Visual Studio 版本相对应的 dll 文件夹(这里建议大家使用 Visual Studio2012 版本，以防报错)，如图 1-35 所示。

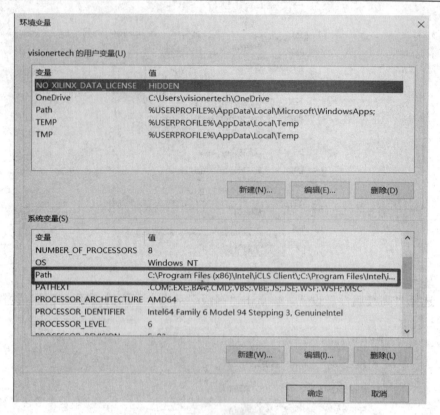

图 1-34　Path 的设置

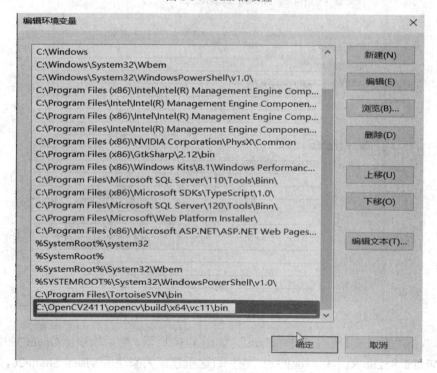

图 1-35　在环境变量中添加 OpenCV

(4) 一直选择"确定"按钮。注意到这里并没有结束，需要重启一次电脑，才能完成系统环境变量的配置。

1.3.3　Visual Studio 中 OpenCV 工程的创建

OpenCV 工程的创建步骤如下：

(1) 下载安装 Visual Studio2012(注意请严格按照此版本，否则可能产生一些版本错误的报错)，并打开它，如图 1-36 所示。

图 1-36　VS2012 界面

(2) 点击"New Project"，新建一个项目，如图 1-37 所示。

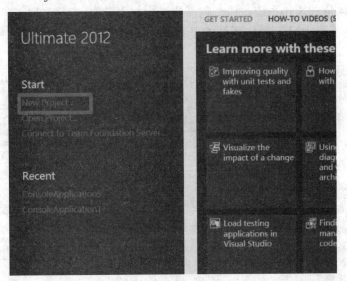

图 1-37　新建项目

(3) 选择命令行工程"Win32 ConsoleApplication"，命名为 helloOpenCV，并给它指定存放路径，如图 1-38 所示。

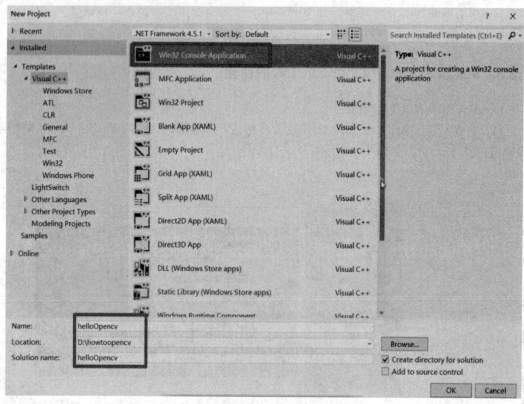

图 1-38　命令行工程的选择及路径

(4) 点击两次 "Next" 按钮，再点击 "Finish" 按钮就完成了 Open CV 工程的创建工作。

新建项目工程之后，首先查看操作系统的版本，Visual Studio 默认是 32 位的操作系统，如果你用的是 64 位的操作系统，那么就需要进行如下操作：

(1) 点击菜单栏中显示操作系统的下拉列表，点击 "Configuration Manager"，如图 1-39 所示。

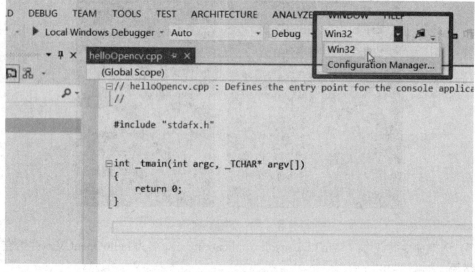

图 1-39　选择操作系统

(2) 在出现的界面中点击 "Active solution platform" 下拉框中的 "<New…>" 项，如图 1-40 所示。

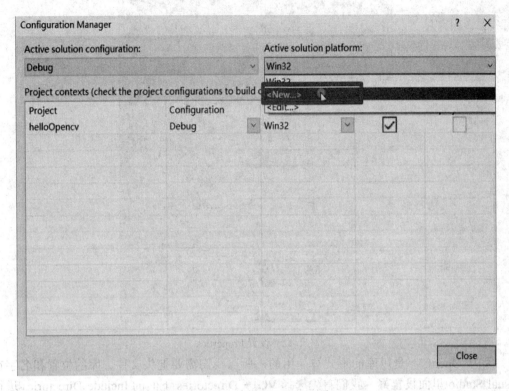

图 1-40 选择 "<New>" 项

(3) 在弹出的平台的下拉菜单中选择 x64，点击 "OK" 按钮，如图 1-41 所示。

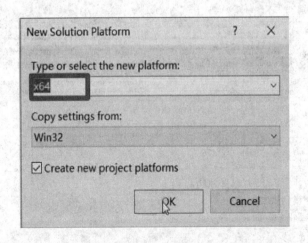

图 1-41 设置操作系统为 64 位

(4) 在项目面板中右击 "helloOpencv"，选择 "Properties"，如图 1-42 所示。

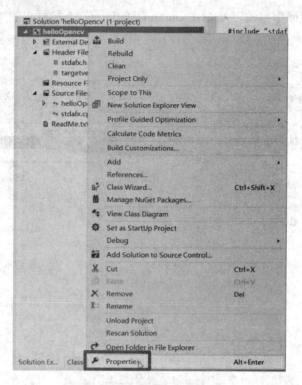

图 1-42　设置 Properties

因为 OpenCV 是以库的形式被使用的，所以我们需要把头文件、库的位置和名字在 Visual Studio 里面设置好。我们首先选择 VC++ Directories 下面的 Include Directories 进行设置(见图 1-43)。

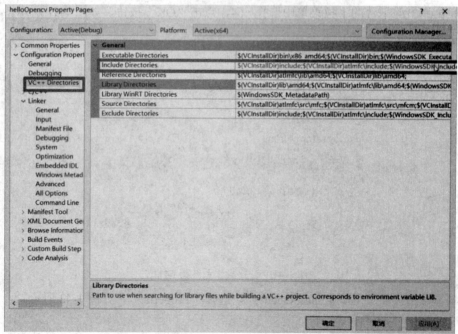

图 1-43　Include Directories

设置步骤如下：

(1) 把我们安装的 OpenCV2411\Opencv\Build\Include 文件夹以及它的两个子文件夹加入其中，如图 1-44 所示。

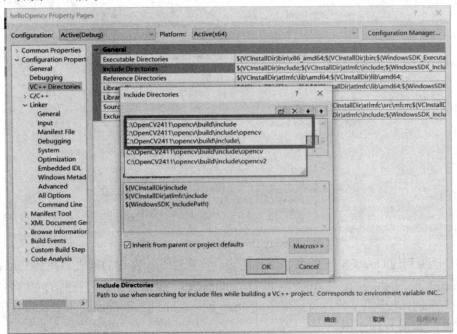

图 1-44 在 Include Directories 中加入 OpenCV 路径

(2) 在"Library Directories"下点击"Edit"，如图 1-45 所示。

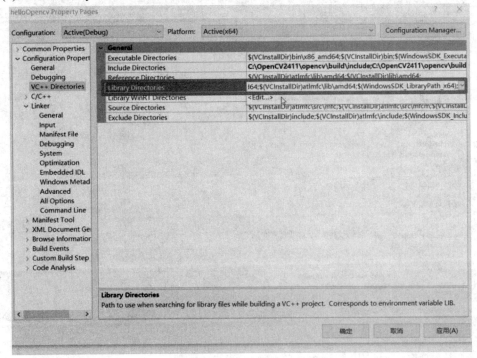

图 1-45 Library Directories

(3) 把相应的 lib 路径添加进去，这里要注意(32 位机器要选择 x86 文件夹相应的库，不同版本的 Visual Studio 要添加相对应版本的文件夹路径)，然后点击"OK"按钮，如图 1-46 所示。

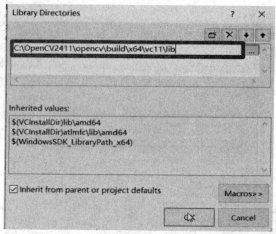

图 1-46　Library Directories 添加 OpenCV 路径

(4) 把用到的 OpenCV 库的名字添加进去。在属性面板左边的列表里找到 Linker 并展开，然后点击"Input"，在"Additional Dependencies"里面添加我们需要的库的名字。由于我们的事例比较简单，所以就只需要 opencv_core2411d.lib 和 opencv_highgui2411d.lib 两个库文件，如图 1-47 所示。

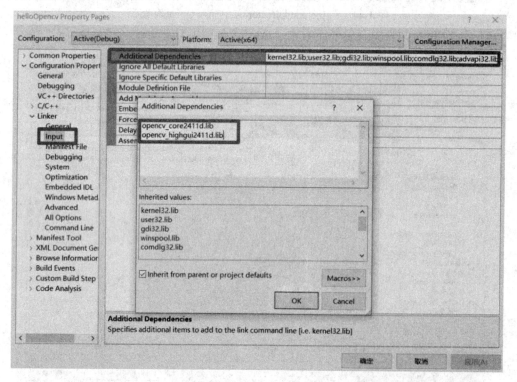

图 1-47　Additional Dependencies

这里要注意:前缀相同的两个库,末尾带 d 的是 Debug 模式下的库,没有 d 的是 Release

模式下的库，要根据 Visual Studio 的模式进行选择添加，不要弄混，如图 1-48 所示。

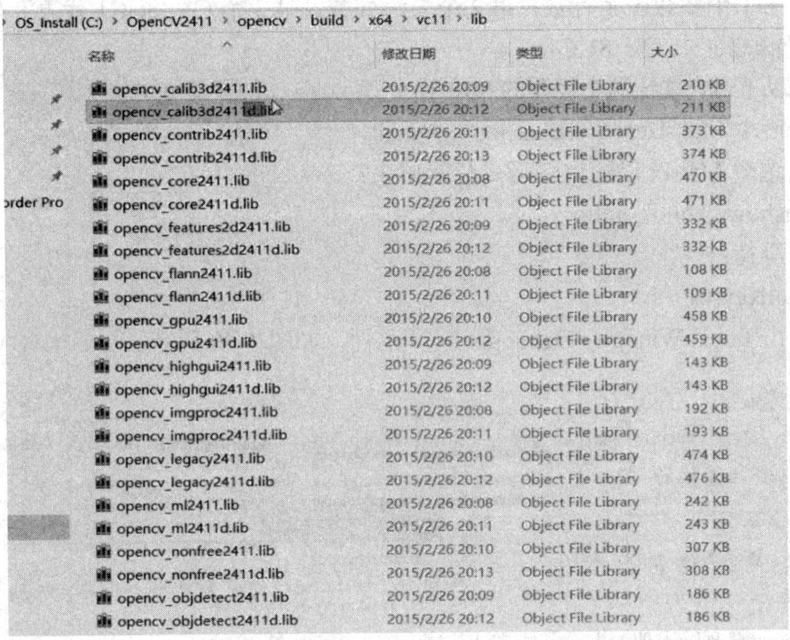

名称	修改日期	类型	大小
opencv_calib3d2411.lib	2015/2/26 20:09	Object File Library	210 KB
opencv_calib3d241 d.lib	2015/2/26 20:12	Object File Library	211 KB
opencv_contrib2411.lib	2015/2/26 20:11	Object File Library	373 KB
opencv_contrib2411d.lib	2015/2/26 20:13	Object File Library	374 KB
opencv_core2411.lib	2015/2/26 20:08	Object File Library	470 KB
opencv_core2411d.lib	2015/2/26 20:11	Object File Library	471 KB
opencv_features2d2411.lib	2015/2/26 20:09	Object File Library	332 KB
opencv_features2d2411d.lib	2015/2/26 20:12	Object File Library	332 KB
opencv_flann2411.lib	2015/2/26 20:08	Object File Library	108 KB
opencv_flann2411d.lib	2015/2/26 20:11	Object File Library	109 KB
opencv_gpu2411.lib	2015/2/26 20:10	Object File Library	458 KB
opencv_gpu2411d.lib	2015/2/26 20:12	Object File Library	459 KB
opencv_highgui2411.lib	2015/2/26 20:09	Object File Library	143 KB
opencv_highgui2411d.lib	2015/2/26 20:12	Object File Library	143 KB
opencv_imgproc2411.lib	2015/2/26 20:08	Object File Library	192 KB
opencv_imgproc2411d.lib	2015/2/26 20:11	Object File Library	193 KB
opencv_legacy2411.lib	2015/2/26 20:10	Object File Library	474 KB
opencv_legacy2411d.lib	2015/2/26 20:12	Object File Library	476 KB
opencv_ml2411.lib	2015/2/26 20:08	Object File Library	242 KB
opencv_ml2411d.lib	2015/2/26 20:11	Object File Library	243 KB
opencv_nonfree2411.lib	2015/2/26 20:10	Object File Library	307 KB
opencv_nonfree2411d.lib	2015/2/26 20:13	Object File Library	308 KB
opencv_objdetect2411.lib	2015/2/26 20:09	Object File Library	186 KB
opencv_objdetect2411d.lib	2015/2/26 20:12	Object File Library	186 KB

图 1-48　Debug 和 Release 模式下的库

　　点击面板左边的"hello openCV"列表，然后在右边编辑器编辑。要使用库时，需要在代码里面包含 OpenCV：

　　　　#include<opencv2\core\core.hpp>

　　　　#include <opencv2\highgui\highgui.hpp>

和用于输出的 iostream，即添加：#include <iostream>并加上 openCV 和 std 的 namespace：

　　　　using namespace cv;

　　　　usingnamespacestd;

　　添加完成，如图 1-49 所示。

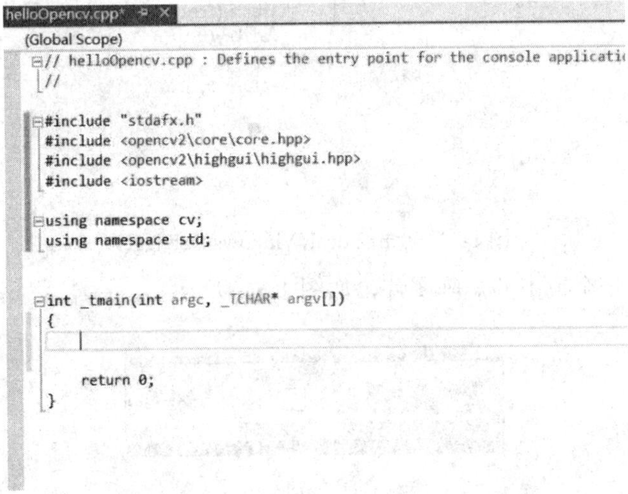

```
helloOpencv.cpp*
(Global Scope)
// helloOpencv.cpp : Defines the entry point for the console applicatio
//

#include "stdafx.h"
#include <opencv2\core\core.hpp>
#include <opencv2\highgui\highgui.hpp>
#include <iostream>

using namespace cv;
using namespace std;


int _tmain(int argc, _TCHAR* argv[])
{

    return 0;
}
```

图 1-49　链接完库的示意图

接下来用关键字 Mat 声明一个 OpenCV 里面的基础数据类型——Matrix，在 Mat 的 3 个参数里，第 1 个参数表示行数，第 2 个表示列数，第 3 个 CV_8UC1 代表 8 位 1 个通道：

　　　Mathello(3,1,CV_8UC1);

接着用以下语句输出这个矩阵的 Size 看一下：

　　　cout<< "Mat size: "<< hello.size() << endl;

然后把这个 Matrix 以图像的形式显示出来：

　　　imshow("hello", hello);

再加上等待：

　　　waitKey(0);

最后点击 Local Windows Debugger 编译运行，如图 1-50 所示。

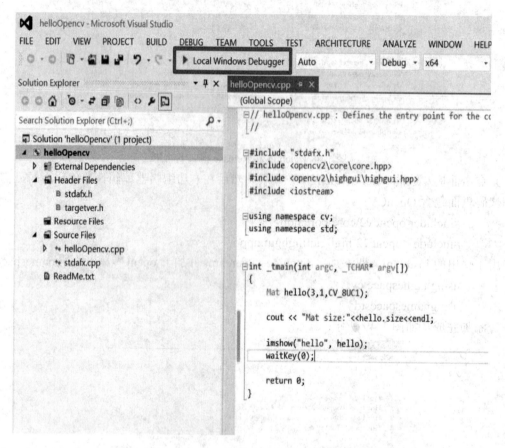

图 1-50　点击 Local Windows Debugger

我们可以看到一个很小的矩阵图片，如图 1-51 所示。

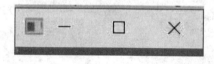

图 1-51　矩阵图片

还有刚才矩阵 Hello 的大小，如图 1-52 所示。

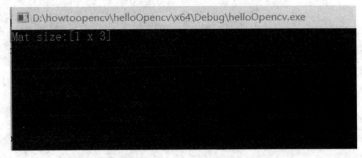

图 1-52　Matsize 示意图

至此，示例小程序跑通，我们的软件开发环境设置也结束了。

第 2 章　开　发　基　础

2.1　Camera 开发基础

VMG-PROV 摄像头用的图像传感器是 Aptina 公司的 AR0230CS(210MP，1/2.7 英寸)。通过 I^2C 可以实现对 AR0230CS 所有寄存器的控制。本书提供的例子使用 RTL 代码实现的模块去控制图像传感器，其中"i2c_master_图像传感器.v"实现的就是基本的主机 I^2C 的通信协议，"init_图像传感器_phy.v"存储着 AR0230CS 需要配置的寄存器的值以及接收外部需要控制 AR0230CS 的值(例如，"auto_exposure.v"中实现的曝光控制，在之后会说明)，其中"init_sensor_phy.v"有几个寄存器在开发过程中会经常用到，其中两个如下所列：

```
1   init_rom[210] = {{ADDR_CMD,WR},16'h3002,16'd4   };
    //  Y_ADDR_START
2   init_rom[211] = {{ADDR_CMD,WR},16'h3004,16'd424 };
    //  X_ADDR_START
```

这两个寄存器是指定图像输出在感光平面的开始位置，其中第 1 个寄存器 0x3002 是图像行开始位置，第 2 个寄存器 0x3004 是图像列开始位置。需要注意这两个寄存器赋值的奇偶性会影响 Bayer 转 RGB 模块的转换方式，但是用户只需要修改 Chirico_top.v 文件中的 C_BAYER_FORMAT 参数就能改变 Bayer 转 RGB 模块的工作方式。具体规则如下：

如果 0x3002 和 0x3004 赋值都是偶数(工程默认赋值 0x3002 = 4，0x3004 = 424，都为偶数)，则 C_BAYER_FORMAT = 2′b00；

如果 0x3002 赋值为偶数，0x3004 赋值为奇数，则 C_BAYER_FORMAT = 2′b01；

如果 0x3002 赋值为奇数，0x3004 赋值为偶数，则 C_BAYER_FORMAT = 2′b10；

如果 0x3002 赋值为奇数，0x3004 赋值为奇数，则 C_BAYER_FORMAT = 2′b11。

另外，还有两个寄存器如下所列：

```
3   init_rom[212] = {{ADDR_CMD,WR},16'h3006,16'd1083};
    //  Y_ADDR_END
4   init_rom[213] = {{ADDR_CMD,WR},16'h3008,16'd1503};
    //  X_ADDR_END
```

这两个寄存器是指定图像输出在感光平面的结束位置,通过与前面两个寄存器(0x3002,0x3004)的配合可以控制输出图像的大小。

AR0230CS 的感光平面如图 2-1 所示，Active pixel 能够控制输出图像的有效区域，通过设置前面介绍的两对寄存器可以控制需要输出的区域，但是需要注意第一个像素所在行列的奇偶性，这会影响输出 Bayer 的排列方式，这个奇偶性需要结合 Bayer 转 RGB 模块一起调整。

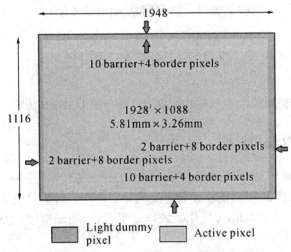

图 2-1 图像传感器感光平面示意图

正常视频图像行之间和帧之间都会有消隐和同步区间，下列两个寄存器定义了有效显示图像大小加上消隐和同步期间的总大小，其中 0x300A 定义总行数，0x300C 定义总列数。

```
1   init_rom[214] = {{ADDR_CMD,WR},16'h300A,16'd1125};
    // FRAME_LENGTH_LINES
2   init_rom[215] = {{ADDR_CMD,WR},16'h300C,16'd550 };
    // LINE_LENGTH_PCK
```

寄存器 3 中 0x3012 定义了图像传感器的曝光时间，以图像的行数为曝光单位。另外需要注意曝光值的设置，如曝光值超过一帧图像的总行数(包括消隐期)，则势必会降低输出帧率，特别是在 HDR 模式需要做连续 4 帧不同曝光的情况下，AR0230CS 会产生坏帧，最终可能没有办法输出图像，所以在修改时不建议曝光时间超过一帧图像的总行数。

```
3   init_rom[216] = {{ADDR_CMD,WR},16'h3012,16'd800 };
    // COARSE_INTEGRATION_TIME
```

AR0230CS 完全通过 I²C 总线来控制，这里简单介绍一下 I²C 总线协议。I²C 协议至少由 3 个标记位和 1 个数据区组成，在发起数据传输之前要有 Start(s)标记位，当 SCL 为高时，SDA 由高变低，表示 Start，由数据发送方发出 Start 标记位；在 Start 接下来的 8 个 SCL 周期是数据区(AR0230 每次发送或接收的数据都是一个字节 8 bit)；在数据区之后紧接着是 ACK 标记位(第 9 个 SCL 周期)，接收方如果接收到数据则把 SDA 拉低表示 ACK，相当于给发送方返回一个响应，告诉发送方数据接收成功；如果没接收到数据则不把 SDA

拉低，表示传输失败。所有数据传输完成之后发送方会发出 Stop(p)标记位，表示传输结束，当 SCL 为高时，SDA 由低变高，表示 Stop；通过合理组合 3 个标记位和数据区可以产生 I^{2}C 协议所支持的时序。

对于控制总线 I^{2}C 的时序以及 AR0230 的详细介绍，可以查阅 AR0230CS 的数据手册。

AR0230CS 图像传感器相关资料：疯壳网址 AR0230CS。

2.2　USB 3.0 输出

本书所实现的 MR 眼镜的视频输出是基于 UVC 的 USB3.0 传输。

2.2.1　UVC 简介及使用说明

UVC 全称为 USB Video Class 或 USB Video Device Class，是 Microsoft 与另外几家设备厂商联合推出的为 USB 视频捕获设备定义的协议标准，目前已成为 USB org 标准之一。自 Windows XPSP2 之后 Windows 操作系统自带了 UVC 驱动程序，因此遵循 UVC 标准的摄像头使用时无需安装额外的驱动程序。

不过由于 VMG-PROV 使用 USB 3.0 进行图像传输，在使用前仍需要确认当前系统的 USB 3.0 驱动安装是否正确，确认方式如下：在 PC 端打开设备管理器，展开通用串行总线控制器查看是否有 USB 3.0 可扩展主机控制器，常见的 3 个 Windows 系统安装 USB 3.0 后的显示结果(注：由于主板的差异，部分主板可能还需要安装 USB 3.0 根集线器)分别如图 2-2、图 2-3、图 2-4 所示。

图 2-2　Win 7 设备管理器的 USB 3.0 示意图

图 2-3　Win 8、Win 8.1 设备管理器的 USB 3.0 示意图

图 2-4 Win 10 设备管理器的 USB 3.0 示意图

如果系统未安装 USB 3.0 驱动，则需要手动下载主板官方的驱动并进行安装。为保证安装的顺利进行，建议在安装前确认主板 BIOS 中的 USB 设置是否正确：进入 BIOS 界面，点击"Advanced"→"USB Configuration"，将 Legacy USB 支持、Intel xHCI 模式和 EHCI 交接设置成 Enable，如图 2-5 所示。

图 2-5 BIOS 的 USB 3.0 设置

VMG-PROV 采用两个 CYUSB3014-BZXI(简称 FX3)芯片，采用 Slavefifo 接口(由 Cypress 定义的一种接口)分别对左右两个 Camera 的图像数据进行传输。将 VMG-PROV 接入 PC 后，其在 PC 端设备名分别为 VMG-CAM-L 和 VMG-CAM-R，其中 VMG-CAM-L

对应左侧 Camera 图像数据接口，VMG-CAM-R 对应右侧 Camera 图像数据接口，如图 2-6 所示。

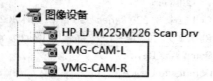

图 2-6　VMG-PROV 在设备管理器的显示名字

2.2.2　FPGA 中 UVC 相关逻辑的说明

VMG-PROV 的 FPGA 需要将图像传感器采集的数据处理后打包成符合 FX3 Slavefifo 协议的数据包传送给 FX3。由于数据传送以及 Socket(一种数据传输协议)切换需要时间，所以 FX3 用 GPIF 两个线程(Thread0 和 Thread1)轮流接收 FPGA 的数据，并通过 DMA 发送给 USB 端点(每个线程对应 6 个数据缓存器，每个数据缓存器大小为 16KB)，FPGA 则通过 cy3014_master 模块完成 UVC 数据的打包和传输处理，其定义的 Slavefifo 接口如下：

```
1   //port define
2   input              sync;
3   input              reset;
4
5   input              hdmit_clk;       //for 16bit transfer data
6   input              hdmit_vs;
7   input              hdmit_hs;
8   input              hdmit_de;
9   input    [15:0]    hdmit_d;
10
11  output   [31:0]    fdata;
12  output   [1:0]     faddr;
13  output             slrd;
14  output             slwr;
15  input              flagb;
16  input              flaga;
17
18  input              hdmit_halfclk;   //for 32bit transfer data
19  output             clk_out;
20  output             sloe;
21  output             slcs;
22  output             pktend;
```

cy3014_master 模块的作用是将 16bit 的 YCbCr 格式的图像数据转换成 32 bit 的 slavefifo 接口数据传送给 USB 3.0 接口芯片 FX3，其中 hdmit_halfclk 为与 hdmit_clk 同源同相的二分频时钟，其作用是将 16 bit 的 YUY2 的图像数据转换成 32 bit 的 Slavefifo 的数据，并用作 Slavefifo 的输出时钟。

UVC 协议是基于包传输的(Payload Transfer)，每一个包会带有一个 12byte 的标头，如图 2-7 所示。

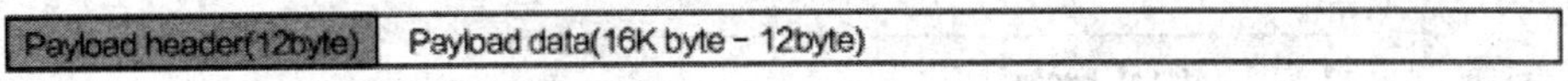

Payload header(12byte)	Payload data(16K byte – 12byte)

图 2-7 UVC 包的标头

标头数据描述了所传输图像数据的属性。例如，它包括一个"新帧"位，FX3 可以为每个帧切换该位。FX3 代码还可以设置标头数据中的错误位，以表示在传输当前帧的过程中发生的错误。每个 USB 传输操作都需要 UVC 数据标头，请参考 UVC 规范，了解详细信息。UVC 视频标头数据的格式如表 2-1 所示。

表 2-1 UVC 视频标头数据格式

字节偏移	字段名称	说 明
0	HLF	标头长度字段指定了标头的长度，单位为字节
1	BFH	位字段标头表示图像数据的类型、视频流的状态以及其他字段的存在情况
2-5	PTS	呈现时间戳显示的是本地器件时钟单元中源时钟的时间
6-11	SCR	源时钟参考指示系统时间时钟和 USB 帧开始(SOF)标志计数器

其中 HLF 的值通常为 12，PTS 和 SCR 字段都是可选的。FX3 固件示例将这些字段内填充数据 0。位字段标头(BFH)保存变化值在帧结束处，BFH 是视频标头数据的一部分，其不同字段代表的含义如表 2-2 所示。

表 2-2 BFH 视频标头数据说明

位偏移	字段名称	说 明
0	FID	帧标识符位在每个图像帧的起始边界上进行切换，在图像帧的其余部分该位保持不变
1	EOF	帧结束位指示视频结束，仅在属于图像帧的最后一个 USB 传输操作中设置该位
2	PTS	存在时间戳位指示了 UVC 视频数据标头中 PTS 字段是否存在(1 表示存在)
3	SCR	源时钟参考位指示了 UVC 视频数据标头中 SCR 字段是否存在(1 表示存在)
4	RES	保留，将其设置为 0
5	STI	静态图像位指示视频取样是否属于静态图像
6	ERR	错误位表示在器件的传输过程中是否发生错误
7	EOH	标头结束位，如果被设置，表示 BFH 字段的结束

根据以上 UVC 视频标头数据格式的定义，对所有 USB 批量传输操作添加 12 byte 的标头。在这里，每个 USB 传输操作共有 16 个批量数据包，USB 3.0 的批量数据包的大小为 1024 byte。因此每 16K 数据对应一个 12 byte 的标头，普通包的标头为 96'h00000000_00000000_00008C0C，

帧尾包的标头为 96′h00000000_00000000_00008E0C(注意：16K 数据为包含标头的总数据大小，实际图像数据为 16 Kbyte−12 byte)。

cy3014_master 中将普通包和帧尾包分别定义为 UVC_Header_Np 和 UVC_Header_Ep：

```
1    initial begin
2    UVC_Header_Np[0] = 32'h00008C0C;
3    UVC_Header_Np[1] = 32'h00000000;
4    UVC_Header_Np[2] = 32'h00000000;
5    end
6
7    initial begin
8    UVC_Header_Ep[0] = 32'h00008E0C;
9    UVC_Header_Ep[1] = 32'h00000000;
10   UVC_Header_Ep[2] = 32'h00000000;
11   end
```

短数据包需要使用 PKTEND#调配至 USB 主机。外部器件/处理器应设计成在输入数据的最后一个字以及该字对应的 SLWR#脉冲的同时激活 PKTEND#。FIFO Addr 线必须在 PKTEND#激活期间保持不变，关于 Slave FIFO 的具体时序和注意事项可参见 Cypress 的官方文档《Designing with the EZ-USB FX3Slave FIFO Interface.pdf》。

接下来具体说一下该接口模块中涉及分辨率的两个参数的含义。

Last_packet：一帧图像发送的总包数，包含了普通包和帧尾包；

Last_packet_size：帧尾包的总长度，该数值包含了 12 byte 的标头。

以 VMG-PROV 中使用的分辨率 1080×1080 为例，每秒传输 60 帧图像，每个像素 16 bit，那么其占用 USB 3.0 传输总带宽为

$$1080 \times 1080 \times 16 \times 60 = 1.12 \text{ Gb/s}$$

若折算成 UVC 包传输，每个 16 K 的 UVC 普通包除去标头后所能传输的图像数据为

$$16 \times 1024 - 12 = 16\,372 \text{ byte}$$

则传完一帧图像需要

$$1080 \times 1080 \times \frac{2}{16372} = 142.48 \text{ 个包}$$

也即 142 个普通包和 1 个帧尾包，且帧尾包的大小为

$$(1080 \times 1080 \times 2 - 16372 \times 142) + 12 = 7988$$

因此需要将 cy3014_master 中两个相关的参数定义如下(当修改分辨率时，也要一并调整这两个参数的数值)：

```
1    parameter [15:0] Last_packet = 143;
2    parameter [15:0] Last_packet_size = 7988;
```

另外，对于 USB 接口的 UVC 传输，PC 是主动请求数据包的，底层硬件(FX3 和 FPGA)是被动响应的。如果当前 PC 在处理其他程序而没有及时去请求 UVC 的数据包，FX3 的底层硬件就会一直拉低 Flaga 信号而截断图像数据的传输。而由于 FPGA 侧摄像头的图像数

据是不受控的(是一直以 60 帧每秒的速率稳定输出的)，如果不对此种情况"保护"处理的话，cy3014_master 模块中的 cy3014_data_fifo 会被冲爆溢出，这样等 PC 侧 USB 端口重新开始请求数据的时候，所传的图像数据会与上一次 UVC 传输数据不连贯，从而导致闪屏现象。cy3014_master 模块对 Flaga 进行监测，当发现其拉低超过 63 个周期的时候，将会产生一个 4 周期脉宽的 flaga_low_overtime 的指示信号如下：

```
1  assign flaga_low_overtime = ((flaga_low_cnt >= 32'h00000063)
2  && (flaga_low_cnt <= 32'h00000067))?1:0;
```

这意味着此时 PC 端 USB 不能及时请求包处理，需进行等待处理，一旦检测到 flaga_low_overtime 信号，就需要启动对当前图像传输的"断点"位置进行保存，同时清空 cy3014_data_fifo 等操作，直到 Flaga 再次拉高后，再进行图像的"断点"续传，从而保证 UVC 图像传输的完整性。

2.3　FPGA 简介

FPGA(Field-Programmable Gate Array)，即现场可编程门阵列，它是在 PAL、GAL、CPLD 等可编程器件的基础上进一步发展的产物，是作为专用集成电路(ASIC)领域中的一种半定制电路而出现的，它既解决了定制电路的不足，又克服了原有可编程器件门电路数有限的缺点。

FPGA 芯片的可编程是它最大的特点之一，无论是管脚还是内部逻辑存储器资源都是可编程的。在实现上，基于流水线和并行处理的设计方法，可以达到很高的数据带宽，这也是 FPGA 的一大特点。

本书实现的 MR 眼镜的视频输入处理，正是基于 FPGA 而实现的。

2.4　软件理论介绍

2.4.1　数字图像基础

数字图像是指数字摄像机成像后在计算机内存空间中的表示方式，一般可以用二维数组表示。在数学中，图像可以用一个矩阵来描述。对于每一个像素，灰度图像一般在一个字节 0~255 空间内量化表达；彩色图像还需要加入 RGB 3 个通道。目前得到越来越广泛应用的深度图像是在 RGB 3 个通道的基础上加入了深度(物体与摄像机的距离)D 通道形成的 RGBD 图像。

计算机视觉研究的内容就是如何从广义的数字图像中理解现实世界,进行识别、跟踪、测量等任务。具体到 MR 领域，计算机需要通过数字摄像机理解外部物理世界及物理世界与用户(头部/手)之间的关系，才能正确地在计算机虚拟环境内模拟渲染正确的场景与物体，其中的关键技术为图像识别、跟踪、即时(Simultaneous)定位与建图(SLAM)等。

2.4.2　摄像机模型和坐标系

摄像机将真实三维世界映射到二维平面形成数字图像，此过程可用针孔成像几何模型进行描述。

回忆小孔成像实验：在暗箱前方放置的蜡烛会在暗箱后的平面上形成一个倒立的蜡烛图像。为了简化模型，我们把成像平面放到相机的前方如图 2-8 所示。

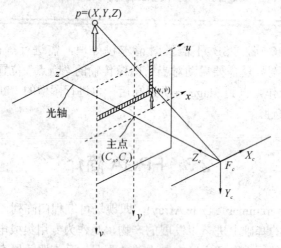

图 2-8　摄像机模型

设 F_c-X_c-Y_c-Z_c 为相机坐标系，u-v 为成像平面，摄像机光心 F_c 对应成像平面上的主点(C_x，C_y)(一般在图像的中心点附近)，考虑以(C_x，C_y)为原点的 x、y 坐标。相机坐标系中的现实世界空间点 $P = [X,\ Y,\ Z]$ 经过摄像机投影后在成像平面 x、y 坐标系上落在 $P' = [x',\ y',\ z']$ 上，假设成像平面到摄像机光心之间的距离(焦距)为 f，根据相似三角形关系，有

$$\frac{z}{f} = \frac{x}{x'} = \frac{Y}{y'} \tag{2-1}$$

在数字图像中，我们更习惯原点为左上角的像素坐标系 u-v，只考虑平移情况下，像素坐标系与成像平面坐标系间的关系有

$$\begin{cases} u = x' + C_x \\ v = y' + C_y \end{cases} \tag{2-2}$$

将公式(2-1)带入式(2-2)中有

$$\begin{cases} u = f_x \times \dfrac{x}{z} + C_x \\ v = f_y \times \dfrac{x}{z} + C_y \end{cases} \tag{2-3}$$

将公式(2-3)写成矩阵形式并使用齐次坐标有

$$
Z\begin{bmatrix} u \\ v \\ 1 \end{bmatrix} = \begin{bmatrix} f_x & 0 & C_x \\ 0 & f_y & C_y \\ 0 & 0 & 1 \end{bmatrix}\begin{bmatrix} X \\ Y \\ Z \end{bmatrix} = KP \tag{2-4}
$$

公式(2-4)的中间部分 3×3 的矩阵一般称为摄像机内参 K(Camera intrinsic)。摄像机内参只与物理镜头模组有关,一般认为在出厂后是固定的。在本书的第 3 章中,我们将学习与实践如何标定我们的摄像机获取摄像机内参。

公式(2-4)中的三维空间点 $\begin{bmatrix} X \\ Y \\ Z \end{bmatrix}$ 定义在相机坐标系 $F_c-X_c-Y_c-Z_c$,在实际 MR/VR/AR 场景中,穿戴用户的头部视线会不断地在实际物理空间中移动,计算机需要精确模拟物理世界的移动,才能渲染出正确的场景。另外定一个世界坐标系,用一个 4×4 的矩阵 T(变换矩阵,Transform Matrix)来表达从世界坐标系到相机坐标系之间的转换,此矩阵又被称为摄像机外参(Camera Extrinsic),也被称为 World to Camera Transfrom,有

$$
Z\begin{bmatrix} u \\ v \\ 1 \end{bmatrix} = \begin{bmatrix} f_x & 0 & C_x \\ 0 & f_y & C_y \\ 0 & 0 & 1 \end{bmatrix}\begin{bmatrix} R & t \\ 0 & 1 \end{bmatrix}\begin{bmatrix} X_W \\ Y_W \\ Z_W \\ 1 \end{bmatrix} = KTP_W \tag{2-5}
$$

其中,$\begin{bmatrix} R & t \\ 0 & 1 \end{bmatrix}$ 为 4×4 的变换矩阵,R 为 3×3 的矩阵,表示旋转,t 为 3×1 的向量,表示平移,此处隐含了一次齐次坐标到非齐次坐标的转换。

变换矩阵 T 对于 MR/VR/AR 开发有着至关重要的意义,请读者牢记其意义。MR 头显开发软件部分最重要的工作之一就是如何通过计算机视觉方法及其他传感器的帮助,获得精确的变换矩阵 T。在本书的第 3 章中,我们将学习与实践如何获取摄像机外参,变换矩阵 T。

2.4.3 计算机图形学基础

MR/VR/AR 系统需要根据用户的头部姿态渲染虚拟物体,读者可在此章节中了解需要的计算图形学基础。

在计算机渲染三维场景的流程中,与真实的物理世界类似,首先需要顶点(Vertex)(可以理解为点在三维空间中的坐标)在模型坐标系中组成线、三角形、四边形,多边形等图元,进一步构成更加复杂的三维模型,如图 2-9 所示。

整个场景中可能存在多个模型(想象我们需要渲染很多个茶杯),我们定义一个世界坐标系(World Space)。在一个 MR 场景中,可以近似地认为世界坐标系(World Space)对应 2-10 中的世界坐标系。

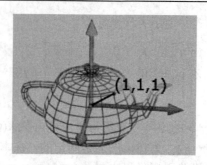

图 2-9　模型坐标系示意图

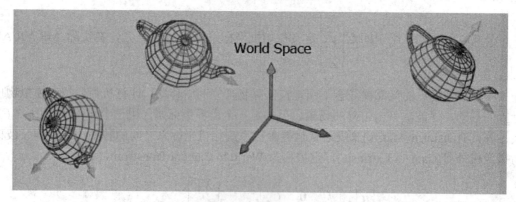

图 2-10　世界坐标系示意图

我们需要渲染通过摄像机"看到"的画面(想象我们通过不同角度观测茶杯)，所以我们还需要定义一个视图坐标系。可以近似地认为这里的视图坐标系对应 2-11 中的相机坐标系。将顶点从 Model Space 变换到视图坐标系的转换称为 Model View Matrix，可以近似地认为对应 2-11 中的外参。

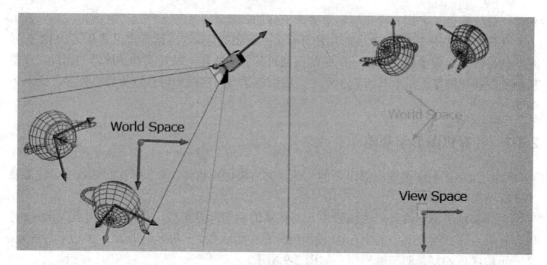

图 2-11　视图坐标系示意图

最后，我们需要将摄像机"看到"的画面渲染到一个二维的图像上，称为投影空间，可以近似地认为这里对应 2-12 中的摄像机内参，在计算机图形学中，我们称为投影矩阵，如图 2-13 所示。

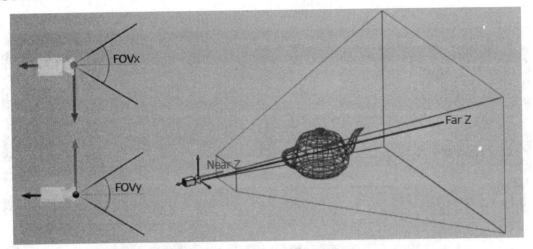

图 2-12　世界坐标系示意图

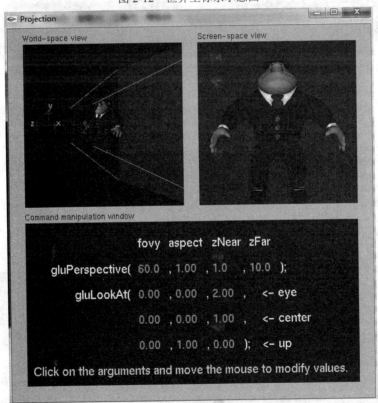

图 2-13　世界坐标系与投影空间示意图

　　在本书中，我们会利用目前流行的三维引擎与开发环境 Unity3D 来进行讲解。在 Unity3D 中，渲染三维场景的流程被简化，开发者可以专注于场景、交互等内容的开发。对于 MR 开发来说，关键在于将通过计算机视觉技术得到的世界坐标系到相机坐标系的转换应用到渲染过程中，通过这个转换来控制 Unity 摄像机的位置与旋转，以达到模拟物理世界头部的位移与旋转过程，同时渲染摄像机拍摄到的现实画面，将现实画面与虚拟画面叠加达到增强现实，完全渲染虚拟画面达到虚拟现实，从而实现介导现实效果，如图 2-14、图 2-15 所示。

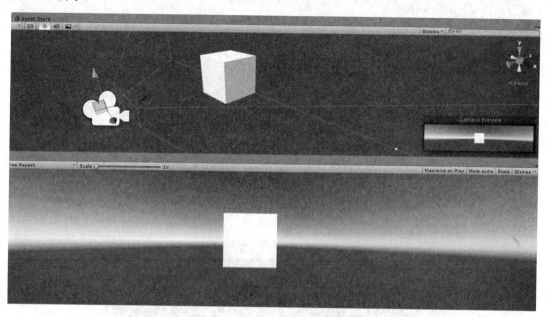

图 2-14　Unity3D 场景与渲染画面示意图

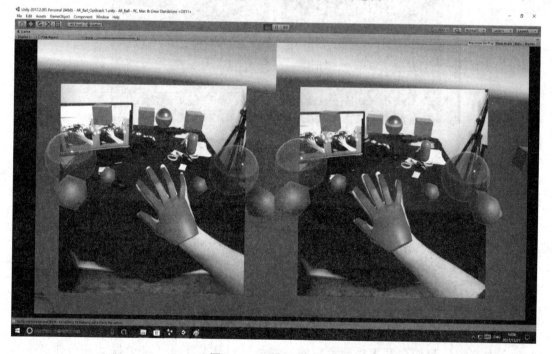

图 2-15　AR 效果示意图

在本章中，我们简单介绍了 MR 开发需要的计算机视觉与计算机图像学基础，各种空间、坐标系在计算机视觉及计算机图形学语境下的对应关系等，总结如图 2-16 所示。

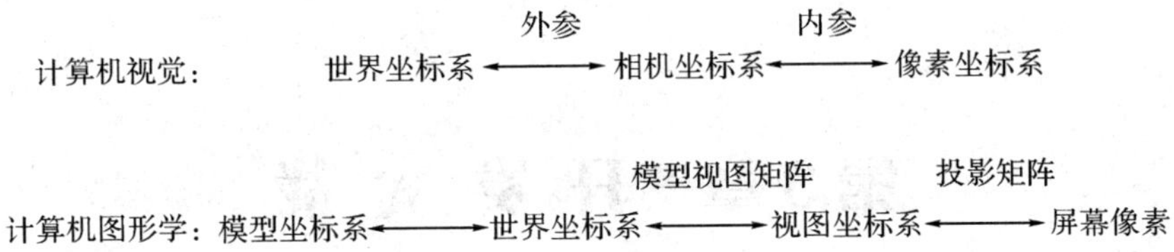

计算机视觉：　　　世界坐标系 ←——→ 相机坐标系 ←——→ 像素坐标系
　　　　　　　　　　　　　　　　　外参　　　　　　　内参

计算机图形学：模型坐标系 ←——→ 世界坐标系 ←——→ 视图坐标系 ——→ 屏幕像素
　　　　　　　　　　　　　　　模型视图矩阵　　　　　　投影矩阵

图 2-16　计算机视觉与计算机图形学坐标系空间对应关系

对于 MR 开发来说，关键部分在于获取物理世界中摄像机与世界坐标系之间的关系(摄像机外参)，将此关系设置到渲染流程中的 Model View Matrix，以渲染虚拟物体。在接下来的第 3 章中，我们将详细介绍这些步骤。

第3章　开发实战

3.1　硬件主板设计

3.1.1　图像传感器电路设计

　　AR0230CS 有两种工作模式：串行模式和并行模式。串行模式原理图如图 3-1 所示，并行模式原理图如图 3-2 所示。AR0230CS 的实际原理图如图 3-3 所示。

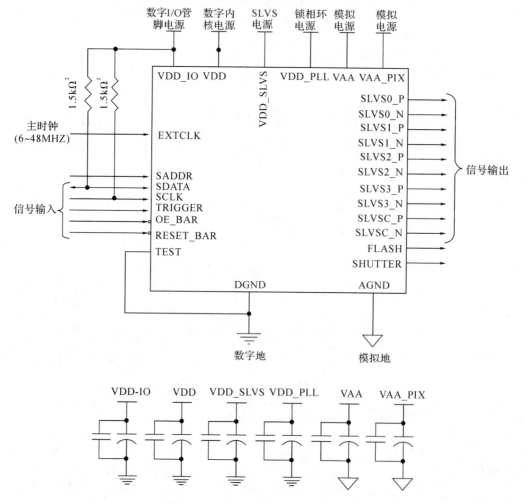

图 3-1　AR0230CS 串行模式原理图

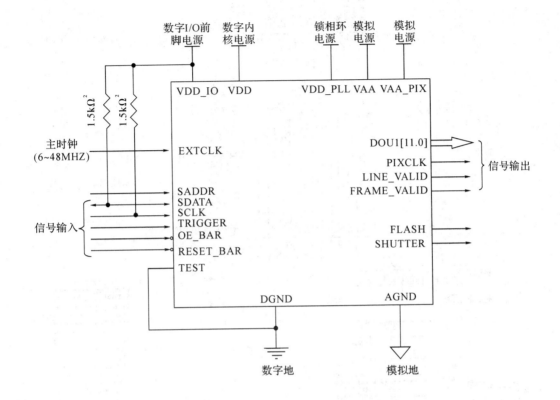

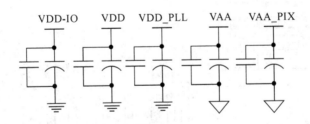

图 3-2　AR0230CS 并行模式原理图

注意：

(1) I²C 地址有两个，根据 SADDR 管脚来确认，默认为高电平，地址为 0x30，如与其他设备地址冲突，可把 SADDR 管脚设置为低电平，地址变为 0x20。

(2) 如果使用串行模式，则需要把管脚 C4 电源改为 0.4 V，并行模式时改为 1.8 V。

(3) 并行模式下，DATA 数据线上串行的匹配电阻根据实际情况进行适配。

(4) 数据通信，需要使两者通信数据电平一致。

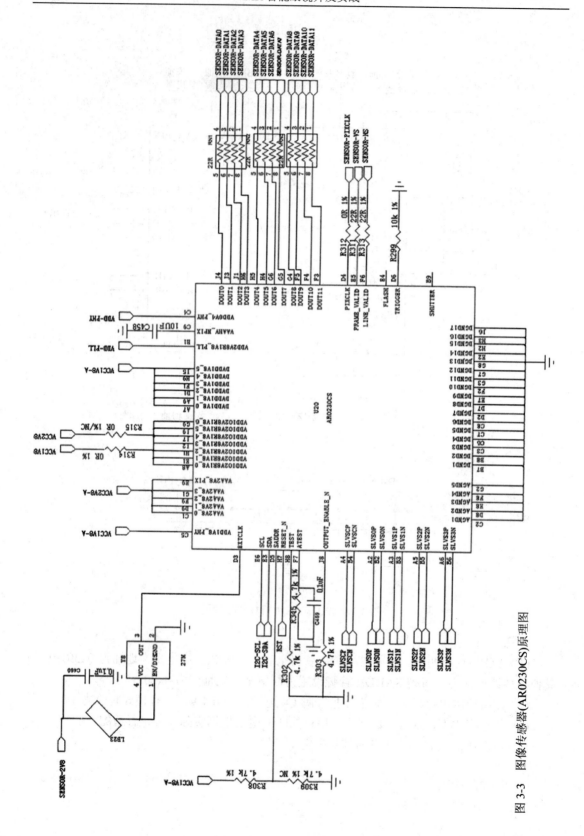

图 3-3　图像传感器(AR0230CS)原理图

3.1.2 DDR3 电路设计

DDR3 原理图如图 3-4 所示。

PCB 布线注意点：

(1) 数据线和地址线需要完整的电平参考平面。

(2) 为满足 DDR3 时序，需要将 DDR3 信号分组走线。数据线每 8 根一组，外加相应的 DQS 和 DQM(如：DQ0～DQ7、DQS0、DQS0#、DQM0 分为一组，依次类推)，走线必须同组，一组线之间不能有其他信号线，且保证同层，换层次数一致，长度误差控制在 ±10 mil(1 mil = 0.0254 mm)内；地址线、控制线、时钟线分为一组，长度误差控制在 ±25 mil(1 mil = 0.0254 mm)内。

(3) 在走线过程中，尽量减小阻抗跳变的因素，比如：换层(无法避免)、保证参考平面完整不跨分割、线宽变化、避免 Stub 线等。

(4) DDR3 与 FPGA 之间在满足工艺要求的条件下，尽可能放近点，以免走线过长。所有 DDR3 滤波电容紧挨电源管脚放置，以免影响滤波效果。最好每个电源管脚对应一个滤波电容。

(5) DDR3 信号线应远离其他信号。

(6) DDR3 要严格控制阻抗，单线 50 Ω，差分 100 Ω。

3.1.3 USB 3.0 电路设计

USB 3.0 原理如图 3-5 所示。

1. 电涌注意事项

当第一次使能 USB 3.0 超高速端口物理层或发生复位事件时，在大约 10 μs 的时间内，电涌将发生在 1.2 V U3RXVDDQ 和 U3TXVDDQ，此电流的大小可达 800 mA。为了确保电涌不会从 1.2 V 下降到不可接受的电压值，在设计供电网络时必须十分慎重。

如果 VDD 内核电源也使用了相同的 1.2 V 电源，则必须确保该电源的电平不会降得太低；否则，该电流将激发片上加电复位(POR)电路，从而复位整个芯片。在 200 ns 的时间内，如果 1.2 V 的内核 VDD 电压下降到低于 0.83 V，则 POR 电路将被破坏。必须设计 1.2 V 电源网络，以确保发生电涌事件时，VDD 不会低于 0.83 V。为了达到此目的，需要结合使用去耦电容器、电感器扼流圈和电压调节器的输出阻抗。

2. GPIF II 接口

USB 3.0 GPIF II 接口原理图如图 3-6 所示。

(1) GPIF II 接口的最大频率是 100 MHz。推荐将 GPIF II 总线上的所有信号线长度在 500 mils(1 mil = 0.0254 mm)的范围内匹配。

(2) GPIF 线的长度大于 5 inch(1 inch = 25.4 mm)或经过一个过孔会引起阻抗的失配。

(3) 进行 FX3 启动时，GPIO[32:30] (PMODE[2:0])信号将进行相应的配置。启动后，这些信号可作为 GPIO 使用。

(4) INT# 信号不能作为 GPIO 使用；

(5) GPIF II 配置为 32 位模式时，SPI 接口的信号线不可用。

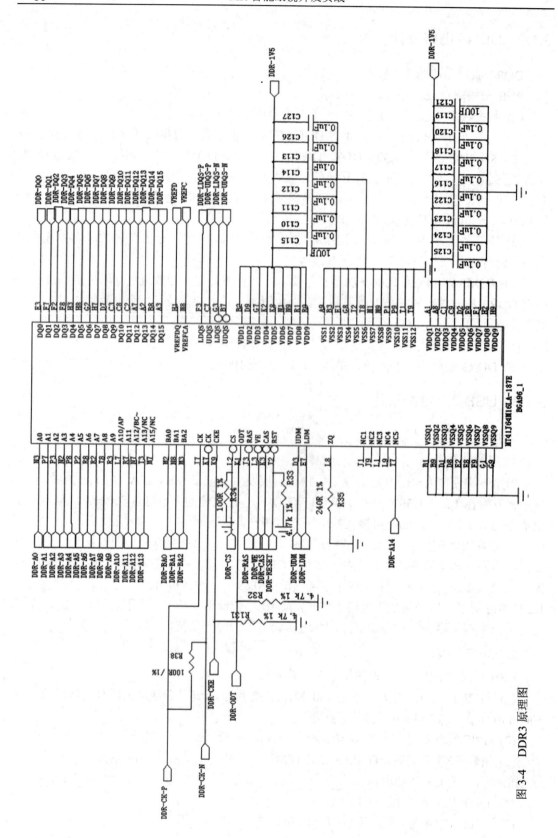

图 3-4　DDR3 原理图

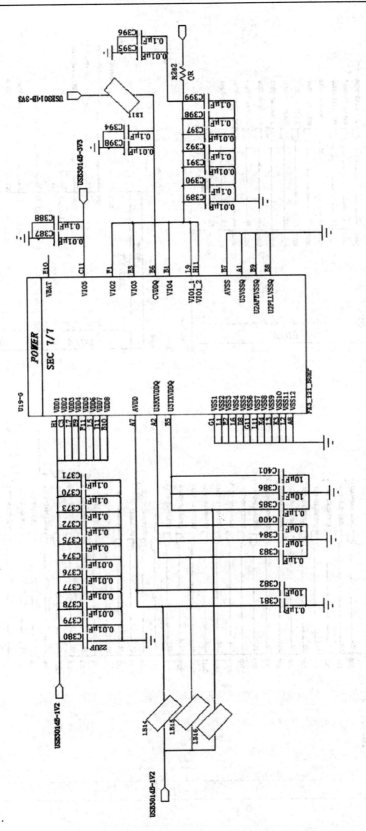

图 3-5 USB 3.0 原理图

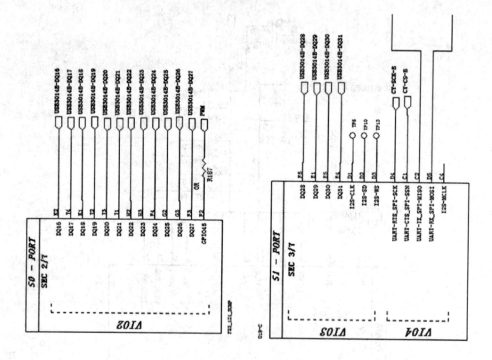

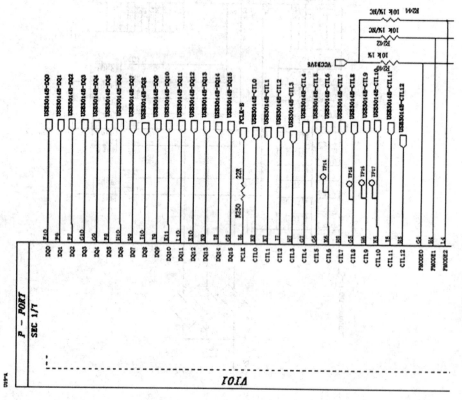

图 3-6 USB 3.0 GPIF II 接口原理图

3. PCB 布线注意事项

(1) USB 3.0 协议将 USB 速度提高到 5 Gb/s。将超高速线和高速线结合后，它与 USB 2.0 规格向后兼容，需要注意它的组件选项、电源去耦、信号线阻抗以及噪声等问题。

(2) 应尽可能缩短 USB 线。长走线会影响到发送器的质量，并会引入接收端符号间的干扰(ISI)。

(3) 可以在 USB 3.0 差分对上交换极性。在连接过程中，USB 3.0 PHY 自动进行极性检测，并不需要对器件固件进行任何其他更改。如果有不同的 USB 连接器引脚分布，可以使用极性反转机制，以确保 USB 走线不会彼此交叉。

(4) USB 3.0 走线需要在 SS_TX 线上有其他的 AC 耦合电容器(0.1 μF)，这些电容器需要对称放置，并与 FX3 器件接近。

(5) 需要对位于这些交流耦合电容器正下方的两层进行截断，旨在符合电容器的外形，以便在各线上避免由电容器焊盘而导致的额外电容。

(6) 差分 SS 对的走线长度必须小于 0.12 mm(5 密耳)。HS D+ 和 D− 信号的走线长度必须小于 1.25 mm(50 密耳)。若需要，应该在 USB 插座附近调整 HS 信号；另外，应该在 USB 插座附近调整 SS Rx 信号，在器件附近调整 SS Tx 信号。

3.2　FPGA 实现数字图像处理

3.2.1　顶层设计

每一个 FPGA 工程有且仅有一个顶层，FPGA 顶层主要是调用各个功能子模块形成一个完整的系统功能，类似于 C 或 C++ 的 Main 函数，当然也可以在顶层实现具体的功能，但是考虑到代码的易读性以及模块化设计思路，一般不在顶层实现具体的功能。顶层的另外一个用途是定义我们设计中用到的芯片管脚，顶层定义的接口都需要有芯片管脚与之一一对应，这就需要结合 UCF 文件(Xilinx 定义的一种用户约束文件)来约束这些管脚，举一个简单的例子如下：

```
1  NET "OCS_CLK"        LOC = K15 ;
2  NET "OCS_CLK"        IOSTANDARD = LVCMOS33 ;
```

这是本系统 UCF 文件开始的两行语句，第 1 行语句的意义是把顶层定义的接口信号 "OCS_CLK" 连接到芯片 "K15" 管脚，第 2 行语句的意义是指定这个管脚的逻辑接口电平标准。这两个应用是 UCF 最常用到的，叫管脚约束，更进一步，UCF 还能完成时序约束、区域约束，详细应用请参考下列文档。

Spartan6 lx45 csg324 芯片管脚封装定义：https://www.xilinx.com/support/packagefiles/s6packages/6slx45csg324pkg.txt。

Xilinx 约束文件指南：https://china.xilinx.com/support/documentation/sw_manuals/xilinx14_7/cgd.pdf。

3.2.2　上电时序

　　由于与 FPGA 相连的外围器件在上电之后，需要一段时间才能进入正常工作模式，所以在 FPGA 上电配置之后需要让 FPGA 各功能模块处于复位状态，等待外围器件正常工作。本模块上电之后维持一个计数器以及输出两个复位信号 reset_1 和 reset_2，reset_1 在计数器达到 210 ms 计数时释放复位信号，reset_2 在计数器达到 5 ms 计数时释放复位信号(系统没有用到这个复位信号)，reset_1 复位信号释放之后 FPGA 各功能模块进入正常工作状态。

　　reset_1 复位主要是考虑图像传感器的上电时序，根据图像传感器的数据手册，图像传感器在上电之后需要 110 ms 左右才能进入正常的工作状态，所以为了安全起见，FPGA 内部逻辑在等待 210 ms 之后释放复位信号，最主要的是等待图像传感器进入正常的工作状态。

3.2.3　时钟管理

　　mcb_clk 和 sensor_clk 这两个模块都是通过调用 Xilinx 的时钟管理 IP 单元实现的。mcb_clk 将 FPGA 外部 100 MHz 晶振时钟生成 1 个 100 MHz 和 1 个 333 MHz 时钟，其中 100 MHz 作为内部控制时钟，333 MHz 时钟作为 DDR3 控制器时钟；sensor_clk 将摄像头输出的像素时钟(74.25 MHz)经过 PLL 产生 1 个 74.25 MHz、1 个 148.5 MHz 和 1 个 37.125 MHz，其中 74.25 MHz 作为内部逻辑时钟，37.125 MHz 作为 USB 3.0 数据打包时钟，148.5 MHz 暂时没用到。

　　Spartan 6 有丰富的时钟资源，包括专用时钟线、频率综合器、时钟选择器等。在 FPGA 设计中，为了保证时钟的稳定，强烈建议使用专用的时钟线和时钟选择器。频率综合器有 PLL 和 DCM，PLL 锁相环的主要目的是作为各种频率的频率合成器以及抖动滤波；DCM 可以作为倍频和分频综合器，还可以消除时钟歪斜，从而提高系统性能，DCM 还可作很小的相位延时。

　　本系统总共有 4 个时钟域，分别是 100 MHz、74.25 MHz、37.125 MHz 以及 333 MHz，其中 100 MHz 用作图像传感器配置源时钟；37.125 MHz 用作 USB3.0 UVC 包发送时钟；333 MHz 作为 DDR3 控制器时钟，这个时钟也是 DDR3 颗粒的运行时钟；其余逻辑都在 74.25 MHz 时钟域，这个时钟由图像传感器提供。

　　Spartan 6 时钟资源用户手册：https://www.xilinx.com/support/documentation/user_guides/ug382.pdf。

3.2.4　按键处理

　　VMG-PROV 提供 6 个按键，其中 1 个电源键(这个电源键在最终量产版没有使用)，5 个自定义键，在这 5 个按键中，上下两个键用来控制摄像头曝光，中间按键用来做 HDR 和非 HDR 功能切换。

　　由于按键是人为按下的，所以在电路中会存在按键脉冲的长短不确定，其他功能模块需要响应按键就没办法知道按键按下去是一次还是多次，因此需要 FPGA 实现将脉冲的长短不确定处理成一致的脉冲长度；同时人为按下的时候没办法保证按键跟电路是持续接触的，还可能产生毛刺，所以实现过程还需要考虑去毛刺，避免按键一次被识别成按了多次。

本模块在检测到有按键按下时(脉冲跳变)，识别成一次按键，把脉冲重新转换成 1 个时钟周期的脉冲长度，同时忽略随后 500 ms 的所有脉冲跳变(去毛刺，人按键的时间大概在 500 ms 左右)，以此达到按键一次在 FPGA 内部转换成一个时钟脉冲长度。

按键的情况可以总结成两大类，一类是在 500 ms 左右按键一次伴有毛刺(如图 3-7(1)所示一次按下在 500 ms 以内伴有毛刺，或如图 3-7(2)所示一次按下超过 500 ms 伴有毛刺)；另一类是在 500 ms 左右有多次按键按下，如图 3-7(3)所示；其实后一种情况的多次按下也可以看做是第一种情况的毛刺；无论是哪种情况最终都会转换成 1 个 10 ns 的脉冲，在 FPGA 内部就当做是一次按下按键。

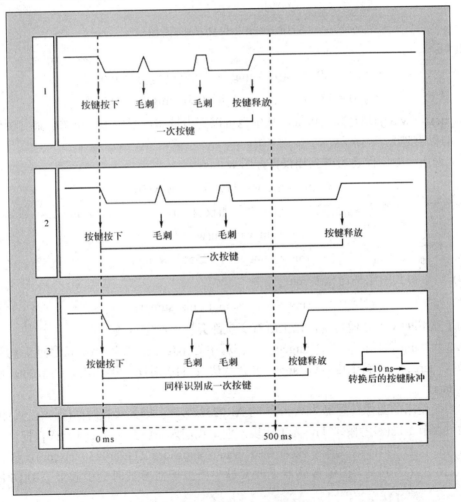

图 3-7　按键处理时序图

按键信号除了在 FPGA 内部使用，也可以将按键信号嵌入到图像中传送给 PC 端使用。本系统将按键信号存放在图像第 1 行紧跟 IMU 数据之后，详情请参考"IMU 数据整合到视频流"章节。

3.2.5　曝光控制

自动曝光原理主要分为 3 步。

第 1 步，统计图像平均亮度。获取图像平均亮度又可分成以下 4 小步：

(1) 统计加权直方图图像平均亮度，如图 3-8 所示，假设图像空间坐标为(i, j)，$1 \leq i \leq \text{img\_w}$，$1 \leq j \leq \text{img\_h}$。其中：img_w 为图像宽度，img_h 为图像高度。

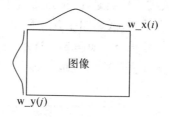

图 3-8　统计加权直方图示意图

其中：

$$w\_x(i) = 1.0 / \exp(((i - \text{img\_w} \times 0.5) / \text{img\_w} \times 0.6)^2) \tag{3-1}$$

$$w\_y(j) = 1.0 / \exp(((j - \text{img\_h} \times 0.5) / \text{img\_h} \times 0.6)^2) \tag{3-2}$$

w_x(i)和 w_y(j)都是高斯函数，从中也可以看出越靠近图像中心位置，最终图像平均亮度占的权重越大。

(2) 遍历一帧图像之后得到加权直方图 w_his：

$$w\_his = \text{histogram}(w\_x(i) \times w\_y(j)); \tag{3-3}$$

(3) 得到加权直方图的和 his_sum_r 以及加权直方图的平均 his_wsum_r：

$$\text{his\_sum\_r} = \text{sum}(w\_his); \tag{3-4}$$

$$\text{his\_wsum\_r} = (0:255) \times w\_his; \tag{3-5}$$

(4) 然后得到图像平均亮度 mu：

$$mu = \text{his\_wsum\_r} / \text{his\_sum\_r}; \tag{3-6}$$

为了在 FPGA 上方便实现，以上所有变量都会转换成定点数。

第 2 步，mu 跟目标亮度 C_target(本书例程中 C_target 默认为 110，可通过头盔上的按钮调节 C_target，重新上电，C_target 也会默认成 110)对比，得到需要调节的曝光幅度 EV(ev_data)。

本系统使用的图像传感器为 Aptina 的 AR0230CS，根据其曝光时间(视频模式)和模拟增益的可调节范围(参考附录 1)，为了实现方便，我们人为将其量化成 10 EV，把这 10 EV 等分成 96 个 EV 挡(详细划分参数可查阅···/auto_exposure/RTL/ar0230_ev.coe)，每一挡为 0.05～0.16 EV(这是因为图像传感器在改变最小模拟增益参数时会引起最大 0.16 EV 的变化)。

接下来计算需要调节的 EV 幅度：

$$\text{ev\_data} = (\text{C\_target} - mu) / \text{C\_target}; \tag{3-7}$$

在做自动曝光的时候，如果每次的调节幅度过大，容易引起呼吸效应(显示的图像超出屏幕的显示范围)，所以每次调节不宜过大；但也不宜过小，否则会导致调整过程时间过长。在本节例程中采用每次调节大约 0.1～0.32 EV；对应我们 96 个 EV 挡，也就是每次调节大约 2 挡，所以上式还要乘上 2，ev_data = ((C_target − mu) / C_targ et) × 2，ev_data 可为正也可为负。

第 3 步，更新曝光值 exposure_addr。

在上一步已经得到了需要调节的曝光幅度，还需要加上或减去当前曝光参数，得到更新的曝光值。由于本节例程有 4 个不同曝光合成的 HDR 功能，所以在 HDR 模式下，需要更新 4 个曝光值；而通过自动曝光算法得到的是第二亮的曝光参数，把 4 个曝光值定义为 exposure0_addr，exposure1_addr，exposure2_addr，exposure3_addr(在本节例程中定义的名字)，当前曝光值为 exposure_addr_t(在本书例程中定义的名字)；4 个更新的曝光值如下：

$$exposure1\_addr = exposure\_addr\_t + ev\_data; \tag{3-8}$$

$$exposure0\_addr = exposure1\_addr + 15; \tag{3-9}$$

$$exposure2\_addr = exposure1\_addr - 10; \tag{3-10}$$

$$exposure3\_addr = exposure1\_addr - 50; \tag{3-11}$$

用以上 4 个值去查找 96 个 EV 挡做成的查找表，得到最终可以配置 AR0230CS 的寄存器值。

如果在正常模式下(非 HDR)，只需要 exposure1_addr 值即可。

总之，在做自动曝光之前，还需要两个简单步骤：第 1 步，由于本节例程的自动曝光是用 Bayer 格式的 G 通道作为亮度值，需要把 Bayer 格式的非 G 通道像素替换成相邻的 G 通道像素，这个模块名是 ae_signal；第 2 步，由于本书例程有 HDR 的 4 帧不同曝光，所以在做自动曝光的直方图统计之前，需要在相邻 4 帧图像中把第二亮的帧找出来，传入 auto_exposure 模块(另外 3 帧不要传入)，这个查找第二亮帧的模块名是 hdr_ae_signal。

3.2.6 摄像头信号重产生

图像传感器输出的视频同步信号如图 3-9 所示。

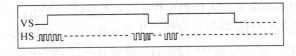

图 3-9 图像传感器输出的同步信号

这个视频同步信号显然不是标准的，在 VESA(Video Electronics Standards Association，请查阅官方相关标准文档 Monitor TimingStandard，http://www.vesa.org)标准中，无论是 VS(Vertical Sync)还是 HS(Horizontal Sync)，都有 Sync(同步信号)、Back porch(后消隐)、Active area(有效区域)、Front porch(前消隐)区间、DE(Data Enable)信号，它们共同组成一帧完整的视频图像。图像传感器输出的信号只有 Sync 和 Active area，没有 DE 信号，所以此模块需要重新产生这些区间的 DE 信号。本系统中主要在 DDR3 读写过程和 UVC 打包过程中需要用到有 Back porch 和 Front porch 的视频同步信号，而对于 Back porch、Front porch 和 Sync 值最终取多大，由于在这个应用中不是对接特定的显示接口，所以可以自定义。

DE 信号比较好产生，直接将 VS 逻辑与 HS。HS 的 Back porch 和 Front porch 通过将 HS 延时 8 个时钟周期，产生 Back porch 和 Front porch 各 4 个时钟周期。VS 的 Back porch 和 Front porch 需要维持一个计数器，计数在 VS 信号为低时 HS 的数量，将计数的 5 个 HS 区间作为 Sync 区间，其他的分配给 Back porch 和 Front porch 区间。重新产生的同步信号如图 3-10 所示，同时 VS 和 HS 的极性与原来相反。

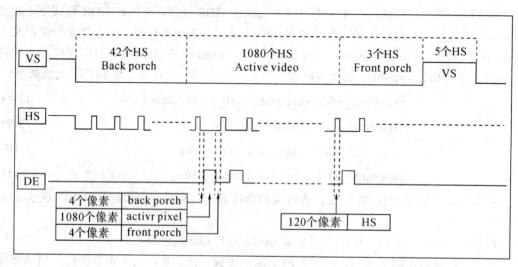

图 3-10　重建的同步信号

3.2.7　像素位宽处理

图像传感器输出的像素每个通道 12 bit，但是由于 DDR3 带宽问题，本系统中 DDR3 的数据位宽为 16 bit，运行在 333 MHz，双沿采数据，所以

$$理论带宽 = 333 \times 2 \times 16 \text{ Mb} = 10\,656 \text{ Mb} = 10.656 \text{ Gb}$$

根据经验在传输视频时带宽利用率大概在 60%，所以实际设计中需要以 10.656 Gb × 60% = 6.3936 Gb 为最大带宽上限。为了节省带宽，在 16 bit 的位宽上传输两个数据(每个数据 8 bit)，可以节省一半带宽，所以需要把 12 bit 数据转成 8 bit。

原理上我们使用式(3-12)进行位宽转换，其中 n 是转换后的位宽，m 是转换前的位宽，a 是转换前位宽的整数，表示范围 0～(2^m−1)，例如 m = 12 bit，则 a = 0～4095，b 是转换后的数值：

$$b = 2^{(\log_2 a) \times n/m} - 1 \tag{3-12}$$

在 FPGA 中如果遇到有复杂的算数运算，用查找表是一种很好的实现方式，查找表也是 FPGA 实现过程中很常用的一种方法。本例中，首先输入跟输出值都是有限的，另外运算之后输出值转化成整数之后跟直接用公式算的结果在精度上是一样的；其次最重要的是如果直接用公式算，会涉及指数、对数以及除法运算，这些运算对于 FPGA 实现来说很复杂也很占资源；所以在这里用查找表实现是最经济的。

将 a 的所有值输入上式，得到 b 的值做成 coe 文件(Xilinx 的 rom 初始化文件)，

width_conv_12to10.coe 就是做好的数值表，在调用 Xilinx 的 IP 做成查找表是需要把这个文件加载进去的。

另外需要说明的是，一开始考虑位宽转换是为了兼容 1920 × 1080@60Hz，在这种数据带宽下就需要转换成 8 bit，但是本书例程中图像传感器输出的视频是 1080 × 1080@60Hz，在这种视频格式下，把一个数据用 16 bit 来传送，DDR3 的带宽也是满足的。为了提供一种位宽转换方法，所以这个模块保留了下来，同时又为了不让原始数据损失太多，所以这里只做了 12 bit 转 10 bit。

3.2.8　Bayer 转 RGB

由于图像传感器每个感光像素点只能感光一种颜色(R 代表红色、G 代表绿色、B 代表蓝色)，所以图像传感器感光之后输出的数字图像的每个像素点只有 R、G、B 三种颜色中的一种，如图 3-11 所示，这种输出的图像数据称为 Bayer 格式的 RAW 数据，但是我们最终显示的每个像素需要 R、G、B 三种颜色都有，所以每个像素点缺少的颜色需要通过临近像素插值补回。

G	R	G	R	G	R	G	R	
B	G	B	G	B	G	B	G	
G	R	G	R	G	R	G	R	
B	G	B	G	B	G	B	G	
G	R	G	R	G	R	G	R	…
B	G	B	G	B	G	B	G	
G	R	G	R	G	R	G	R	
B	G	B	G	B	G	B	G	
			⋮					

图 3-11　Bayer 格式

通过分析图 3-11 不难发现，组成 3 × 3 像素矩阵的排列方式有下面 4 种情况：

对于图 3-12(a)中心点缺少颜色 R 和 B，假设新得到的 R 和 B 值标为 $\hat{R}'$ 和 $\hat{B}'$，$\hat{R}'$ 等

G	R	G
B	G	B
G	R	G

(a)

R	G	R
G	B	G
R	G	R

(b)

G	B	G
R	G	R
G	B	G

(c)

B	G	B
G	R	G
B	G	B

(d)

图 3-12　Bayer 像素的 4 种排列方式

于上下临近 R 值相加取平均得到，以此类推得到 $\hat{B}'$，对于图 3-12(c)中心点缺少颜色 R 和 G，$\hat{R}'$ 等于上下左右临近 R 值相加取平均得到，以此类推得到 $\hat{G}'$。其他两个 3×3 像素矩阵依此方法得到缺少的颜色值。

　　用 FPGA 实现这个功能，有一个关键点是如何让 3 行像素同时输出，而且图像行的顺序不能错，在本实现方法中用滚动缓存来实现，需要用 3 个双口缓存器来存 3 行像素，假设这 3 个缓存器命名为 buff 1、buff 2 和 buff 3,图像数据按顺序一行一行轮流写入 3 个 buff,根据当前正在写的 buff 号，延时两个时钟周期，开始读当前 buff,然后根据正在读出的 buff 号来重新排列 3 行数据，例如当前正在写 buff 1，则表明当前 buff 1 读出的数据是最新一行，所以数据排列方式是 buff 2 读出的数据是第 1 行像素，buff 3 读出的数据是第 2 行像素，buff1 读出的数据是第 3 行像素。

3.2.9　RGB 转 YC

　　RGB 色彩模式是工业界的一种颜色标准，是通过对红(R)、绿(G)、蓝(B)3 个颜色通道的变化以及它们相互之间的叠加来得到各式各样的颜色，也称为加色模式，这个标准几乎包括了人类视力所能感知的所有颜色，是目前运用最广的颜色系统之一。

　　YCbCr 是 DVD、摄像机、数字电视等消费类视频产品中常用的色彩编码方案，其中 Y 是指亮度分量，Cb 指蓝色色度分量，Cr 指红色色度分量。YC 是 YCbCr 4：2：2 降采样模式，人的肉眼对视频的 Y 分量更敏感，因此在通过对色度分量进行降采样来减少色度分量后，肉眼察觉到的图像质量变化会更小。

　　在进行 USB 3.0 传输时，由于本书例程只支持 YC 传输，所以需要把 RGB 转成 YC。

　　将 RGB 转成 YC，首先需要把 RGB 转成 YCbCr,这个转换过程使用了两个标准,ITU709 和 sRGB，可选用其中一种，其中 ITU709 又分高清(HD)和标清(SD)。各个转换标准的矩阵罗列如图 3-13、图 3-14 所示。

```
sRGB:
   0.257,  0.564,  0.098, 16
  -0.148, -0.291,  0.439, 128
   0.439, -0.368, -0.071, 128

ITU709 HD:
   0.212,  0.7152, 0.0722
  -0.117, -0.394,  0.511, 128
   0.511, -0.464, -0.047, 128

ITU709 SD:
   0.299,  0.587,  0.114
  -0.173, -0.339,  0.511, 128
   0.511, -0.428, -0.083, 128
```

图 3-13　不同标准 RGB 转换 YCbCr 的矩阵

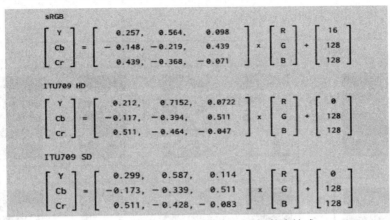

图 3-14 不同标准 RGB 转换 YCbCr 的表达式

在例程模块中可通过 convert_std 信号去选择转换的标准，其中 convert_std = 2′b00 选择 ITU709SD 标准，convert_std = 2′b01 选择 ITU709HD 标准，convert_std = 2′b10 或 2′b11 选择 sRGB 标准。

在 FPGA 实现过程中需要把小数转成定点数，本实现将小数乘以 $2^{15} = 32\,768$，运算完再把数据右移 15 位，得到最终结果。得到 YCbCr 之后还需要抽样成 YC 信号，Y 通道不抽样，Cb 和 Cr 通道做 2∶1 抽样。

3.2.10 DDR3 视频帧缓存

帧缓存实现图像传感器输入视频的缓存同时输出相邻的 4 帧图像，供后续模块实现 HDR 功能，帧缓存功能结构如图 3-15 所示；mcb_ctrl_NativePort 是 Xilinx 的 DDR3 控制器，M_mcb_write 和 M_mcb_read 是视频输入输出接口；frames_buffer_mcb 在 DDR3 分配 6 块相邻的地址，当然分配多少块地址可以通过修改 ADDR_NUM 参数自定义，默认分配 6 块，每块大小为 8192×2048 的地址空间，M_mcb_write 负责将图像传感器输出的视频轮流存储在这 6 块地址，每一帧占用 1 个 8192×2048 大小的地址(依据分辨率大小，不一定所有地址空间用完)，M_mcb_read 负责将存储在 DDR3 里面相邻的 4 帧图像同时读出，也是轮流读出。

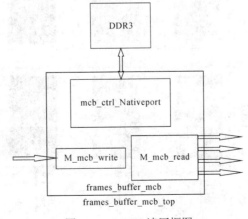

图 3-15 DDR3 读写框图

数据写入和读出流程如图 3-16 所示。

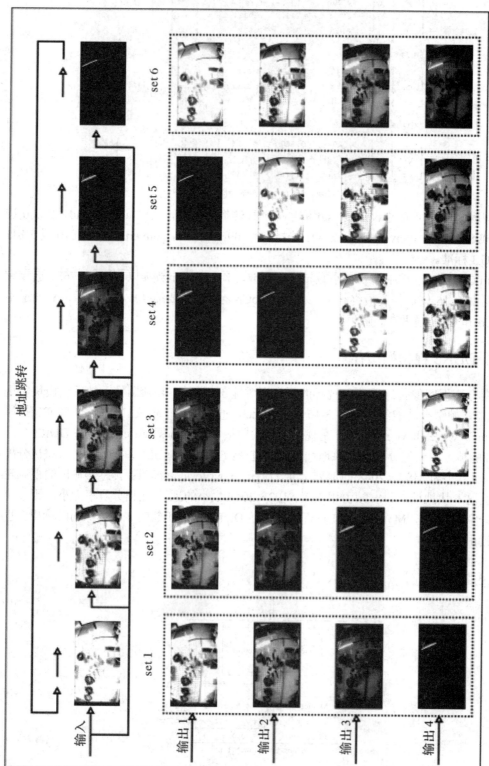

图 3-16　DDR3 存储图像方式示意图

　　首先输入的数据按顺序依次存储在 6 个地址中，当写完第 6 个地址之后，又重新回到第 1 个地址写下一帧数据，在写的过程中内存地址也是跟着图像换行而换行，这样写的好处可以为以后的扩展做兼容，例如让图像旋转 90 度输出；读出数据是 4 路同时开始读，如图 3-16 所示。

　　接下来具体说明一下这一整个模块的接口和参数含义，其中参数部分只有 4 个是用户可修改，其他都是跟 DDR3 物理器件和控制器相关的固定参数，不可修改。用户可修改参数以及定义如下：

1. 参数定义

　　(1) C_DATA_WIDTH：输入数据的位宽，可选 16 或 8，默认 16，如果用户需要传输超过 6 Gb/s 带宽的数据，建议修改成 8，同时把输入数据转换成 8 bit，在第 7 节位宽转换模块有做说明。

　　(2) ADDR_NUM：在 DDR3 分配的地址块，可调范围 1≤ADDR_NUM≤8。

　　(3) C_MCB_W_BURST_LEN：控制器往 DDR3 一次写数据的突发长度，可调范围 1～64，默认 32。

　　(4) C_MCB_R_BURST_LEN：控制器一次读 DDR3 数据的突发长度，可调范围 1～64，默认 32。

2. 接口定义

　　与 DDR3 物理器件以及控制器内部逻辑相关接口如下：

```
1   input                                   c3_sys_clk          ,
2   input                                   c3_sys_rst_i        ,
3   output                                  c3_calib_done       ,
4   inout   [C3_NUM_DQ_PINS-1:0]            mcb3_dram_dq        ,
5   output  [C3_MEM_ADDR_WIDTH-1:0]         mcb3_dram_a         ,
6   output  [C3_MEM_BANKADDR_WIDTH-1:0]
7   mcb3_dram_ba                                                ,
8   output                                  mcb3_dram_ras_n     ,
9   output                                  mcb3_dram_cas_n     ,
10  output                                  mcb3_dram_we_n      ,
11  output                                  mcb3_dram_odt       ,
12  output                                  mcb3_dram_reset_n,

13  output                                  mcb3_dram_cke       ,
14  output                                  mcb3_dram_dm        ,
15  inout                                   mcb3_dram_udqs      ,
16  inout                                   mcb3_dram_udqs_n    ,
17  output                                  mcb3_dram_udm       ,
18  inout                                   mcb3_dram_dqs       ,
19  inout                                   mcb3_dram_dqs_n     ,
20  output                                  mcb3_dram_ck        ,
21  output                                  mcb3_dram_ck_n      ,
22  inout                                   mcb3_rzq            ,
23  inout                                   mcb3_zio
```

　　其中需要用户逻辑输入的信号只有 c3_sys_clk 和 c3_sys_rst_i，c3_sys_clk 是 DDR3 的工作时钟，本书例程设为 333 MHz；c3_sys_rst_i 是控制器复位，在 c3_sys_clk 准备好之前，需要给控制器复位；c3_calib_done 是控制器与 DDR3 之间的校准完成信号，在做 DDR3

调试阶段，这个信号是很有用的，它表示的是控制器与 DDR3 之间的时序相位有没有办法校准，如果这个信号一直为低，表明控制器与 DDR3 之间的物理连线是有问题的，从硬件角度来看就是信号完整性存在问题；其他信号接口都是控制器与 DDR3 之间的物理连线，有兴趣的可以参考本节末列出的文档。

对于 Xilinx 的 DDR3 控制器我们可以粗略地把它划分成 3 个模块，用户接口模块、DDR3 时序转换模块以及 DDR3 接口模块。用户接口是每一个开发人员必须掌握的，而用户接口又分两类：mcb 接口和 AXI 接口，其中 mcb 接口是原生接口，效率是最快的；AXI 接口需要通过转换逻辑，转换成 mcb 接口。本模块是 mcb 接口做的，所以以 mcb 接口为例做一个简单介绍：mcb 接口有两个通道，指令通道和数据通道；指令通道负责接受指令和地址，例如当前数据是读还是写，一次传输数据的长度是多少，把这些数据写到以哪个地址开始的区域；数据通道只负责数据的传输；像 mcb 这种接口把指令和数据通道分开，可以做到地址和数据的传输分离，以提高 DDR3 时序转换模块的带宽利用率。DDR3 时序转换模块把用户接口时序转换成 DDR3 时序，并通过 DDR3 接口模块最终传输到 DDR3 器件；而对于 DDR3 接口模块还有一个作用就是上电之后控制器与 DDR3 器件之间信号线相位校准，并把校准成功与否反馈到 c3_calib_done 信号。

视频输入输出接口如下：

```
 1    input   wire                            reset          ,
 2    input   wire                            mcb_clk        ,
 3    input   wire                            pix_clk_wr     ,
 4    input   wire                            data_in_VS     ,
 5    input   wire                            data_in_HS     ,
 6    input   wire                            data_in_DE     ,
 7    input   wire  [C_DATA_WIDTH-1:0]        data_in        ,
 8    input   wire  [4:0]                     rd_port_en     ,
 9    input   wire                            pix_clk_rd     ,
10    input   wire                            rd_VS_in       ,
11    input   wire                            rd_HS_in       ,
12    input   wire                            rd_DE_in       ,
13    output  wire                            data_out_VS    ,
14    output  wire                            data_out_HS    ,
15    output  wire                            data_out_DE    ,
16    output  wire  [C_DATA_WIDTH-1:0]        data_out_1     ,
17    output  wire  [C_DATA_WIDTH-1:0]        data_out_2     ,
18    output  wire  [C_DATA_WIDTH-1:0]        data_out_3     ,
19    output  wire  [C_DATA_WIDTH-1:0]        data_out_4     ,
20    output  wire  [C_DATA_WIDTH-1:0]        data_out_5     ,
```

更多关于 xilinx spartan6 DDR3 控制器的用法请查阅下列文档：https://www.xilinx.com/support/documentation/user_guides/ug388.pdf、https://www.xilinx.com/support/documentation/ip_documentation/mig/v3_92/ug416.pdf。

3.2.11 曝光融合

1. 图像合成

自然场景内，景物光的亮度范围很大，常见的摄像头只能在较窄的亮度范围清晰成像(LDR)，由多幅在不同亮度范围(摄像头采用不同曝光时间)清晰成像的 LDR 图像可以合成一幅宽亮度范围(HDR)的清晰图像。一组 LDR 图像合成一幅 HDR 图像时，把这组 LDR

图像对应像素颜色值简单相加，就能很紧凑地把各幅 LDR 清晰成像的信息集中到一幅 HDR 图像中。在本实现中有 4 幅 LDR 图像 I_1、I_2、I_3、I_4，p_x 为任意位置的像素，在各 LDR 图像中颜色值为 $[r_x^j, \ g_x^j, \ b_x^j]$，其中 j 为对应 LDR 图像的标号。p_x 在合成的 HDR 图像中新颜色值为 $[R_x, \ G_x, \ B_x]$，则

$$R_x = \sum_{j=1}^{N} r_x^j \tag{3-13}$$

$$G_x = \sum_{j=1}^{N} g_x^j \tag{3-14}$$

$$B_x = \sum_{j=1}^{N} b_x^j \tag{3-15}$$

FPGA 实现框图如图 3-17 所示，$\widetilde{I} = R_x + G_x + B_x$。

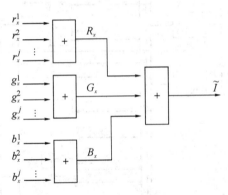

图 3-17　多幅 LDR 合成一幅 HDR 图像的 FPGA 实现框图

2. HDR 图像颜色校正

在像素亮度归一化后需进行 HDR 图像颜色校正。LDR 图像计算出来的色彩值为正确值的置信度大体呈高斯分布，如图 3-18 所示，置信度的精确值可由实验测得，但为了简便可以根据经验指定一个高斯分布。

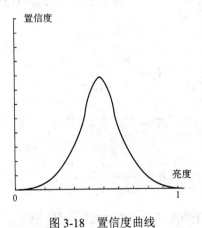

图 3-18　置信度曲线

根据置信度，由最大似然定理等可计算出最佳的色彩值，也可以根据经验通过加权和得到较为理想的真实色彩值，如

$$\widetilde{P} = \sum_{i=1}^{N}\theta(L^i)P^i = \left[\sum_{i=1}^{N}\theta(L^i)\frac{r^i a_b}{a_r}, \sum_{i=1}^{N}\theta(L^i)\frac{g^i a_b}{a_r}, \sum_{i=1}^{N}\theta(L^i)\frac{b^i a_b}{a_r}\right] \tag{3-16}$$

其 FPGA 框图如图 3-19 所示。

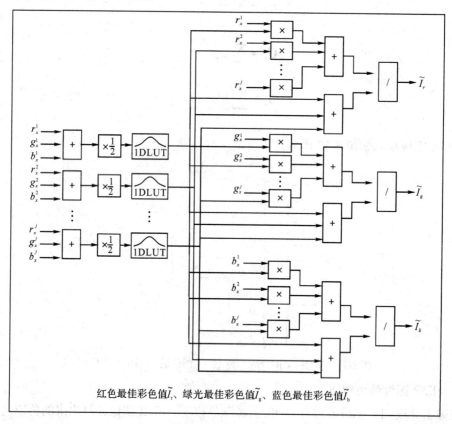

红色最佳彩色值$\widetilde{I}_r$、绿光最佳彩色值$\widetilde{I}_g$、蓝色最佳彩色值$\widetilde{I}_b$

图 3-19 计算最佳色彩值的 FPGA 实现框图

前面通过简单相加得到的 HDR 图像颜色值为$[R_x, G_x, B_x]$，令校正后的颜色值用$[R'_x, G'_x, B'_x]$表示，则

$$R'_x = \frac{R_x + G_x + B_x}{\widetilde{I}_r + \widetilde{I}_g + \widetilde{I}_b}\widetilde{I}_r \tag{3-17}$$

$$G'_x = \frac{R_x + G_x + B_x}{\widetilde{I}_r + \widetilde{I}_g + \widetilde{I}_b}\widetilde{I}_g \tag{3-18}$$

$$B'_x = \frac{R_x + G_x + B_x}{\widetilde{I}_r + \widetilde{I}_g + \widetilde{I}_b}\widetilde{I}_b \tag{3-19}$$

由此得到了校正颜色的 HDR 图像。其 FPGA 框图如图 3-20 所示。

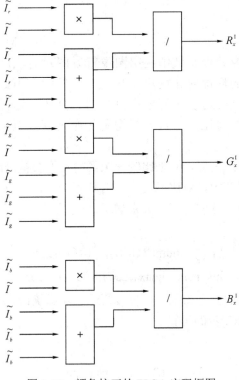

图 3-20 颜色校正的 FPGA 实现框图

3.2.12 输出选择

VMG-PROV 支持 HDR 和非 HDR 模式，所以存在两种模式的切换。由于视频是一帧一帧传输的，在切换的时候如果正好是在一帧中间，就会产生断层；同时后续功能模块也是遵照一帧一帧传输的，如果输出的不是完整帧，有可能后续功能模块会产生逻辑错误，所以本模块需要实现切换前后视频帧都是完整的。本模块通过一个简单的状态机实现这个功能，如图 3-21 所示，默认在 HDR 模式，当检测到 HDR 模式切换的时候(hdr_sel 脉冲)，状态机进入等待当前帧结束状态，如果在等待过程中又有模式切换信号，表明模式不切换，保持当前模式，状态机重新回到 HDR 模式；如果等待到帧结束，则状态机进入等待非 HDR 模式帧开始信号状态，直到检测到帧开始信号，状态机进入非 HDR 模式；在非 HDR 模式，也按照相同机制切换。

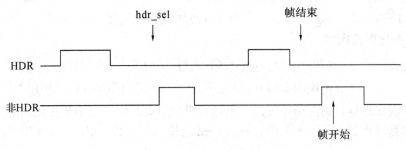

图 3-21 输出选择时序图

3.2.13　直方图均衡

直方图均衡化是图像处理领域中利用图像直方图对对比度进行调整的方法。这种方法通常用来增加图像的局部对比度，尤其是当图像的有用数据的对比度相当接近的时候，通过这种方法，亮度可以更好地在直方图上分布。这样就可以在增强局部对比度的同时又不影响整体的对比度，直方图均衡化通过有效地扩展常用的亮度来实现这种功能。

因为直方图均衡化处理之后，原来比较少像素的灰度会被分配到别的灰度去，像素相对集中，处理后灰度范围变大，对比度变大，清晰度变大，所以能有效增强图像。

本系统使用的算法原理分成 3 步，分别如下：

(1) 统计直方图：

$$his(i) = num(RGB(i)), \quad 0 \leqslant i \leqslant 255; \tag{3-20}$$

$$his\_max = max\{his(i)\}, \quad 0 \leqslant i \leqslant 255; \tag{3-21}$$

由于这一步就是普通的直方图统计，不再赘述，除了统计直方图，还要把直方图里的最大值检测出来，以便第(2)步的运算。

(2) 更新直方图：

$$M(i) = \frac{\log(his(i) \times his\_max \times pow(10, -u) + 1)}{\log(pow(his\_max, 2) \times pow(10, -u) + 1)} \tag{3-22}$$

这一步，从上面表达式也很好理解，唯一比较繁琐的是在 FPGA 实现自然对数 log；u 是均衡化参数，建议范围 2～10 的整数，越大均衡化越强，本系统默认是 5。在实现自然对数 log 时是用级数展开去逼近，而泰勒级数的定义域是 0～1，上面表达式的 log 括号里的数都是大于 1 的；另外，为了保证精度，上面表达式的所有参数都是转换成浮点数进行运算的，Xilinx 提供了浮点数基本运算的 IP，我们可以直接调用。对于浮点数的表示方式 $1.m \times 2^n$，其中 $\log 2^n = n \times \log 2$，这个很好处理；对于 $\log(1.m)$ 转换成 0～1 属性的泰勒级数展开，可以应用函数 $x = (1-y)/(1+y)$，因为它的反函数形式是一样的，即 $y = (1-x)/(1+x)$，所以

$$\log(x) = \log(1-y) - \log(1+y) = -2y \sum_{n=1}^{\infty} (\frac{1}{2n+1}) y^{2n} \tag{3-23}$$

取 $n = 1～8$，最终 log 转换成基本的浮点数加减乘除运算。

(3) 均衡化图像像素：

$$C(0) = M(0), C(i) = C(i-1) + M(i), \quad 0 \leqslant i \leqslant 255 \tag{3-24}$$

$$p\_equalized = 255 \times \{[C(p) - C(0)] / [C(N-1) - C(0)]\} \tag{3-25}$$

对于均衡化过程，也是简单的浮点数加减乘除运算，这里也不再赘述，由于均衡化得到的结果也是浮点数，最终需要把 p_equalized 转换成定点数，Xilinx 也提供了浮点数转定点数的 IP。

3.2.14　IMU 数据整合到视频流

IMU(Inertial Measurement Unit，姿态传感器)是基于 MEMS 技术的高性能三维运动姿态测量系统。VMG-PROV 使用 Uranus2 型号的 IMU 进行物体旋转姿态定位。

由于欧拉角存在万向节死锁问题，即当 3 个万向节其中两个的轴发生重合时，会失去一个自由度。简单来说万向节死锁会导致位置上连续变化在数值表示上却是非连续的，导致给定的两个关键帧之间无法平滑过渡，而使用四元素球面线性插值则可以很好规避该问题。鉴于此，VMG-PROV 在初始配置 IMU 时，同时输出欧拉角和四元素。另外，为了满足开发者使用多样化的需求，VMG-PROV 中将加速度和角速度也一并输出，用户自行选择使用。

综上所述，VMG-PROV 中 IMU 的数据包格式定义如下(见表 3-1)：

IMU 帧数据 = 0x5A + 0xA5 + 帧长度 + CRC + 0x90 + ID 数据包 + 0xA0
　　　　+ 加速度数据包 + 0xB0 + 角速度数据包 + 0xD0 + 姿态角数据包
　　　　+ 0xD1 + 四元素数据包(总共 46 Byte)

表 3-1　IMU 数据包格式

字段	长度(字节)	解　释
0x5A	1	帧头识别
0xA5	1	类别，固定为 0xA5
LEN	2	整个帧长度，2 字节小端表示
CRC	2	除 CRC 本身外其余所有帧数据的 16 位 CRC 校验和。小端表示
0x90	2	ID 数据包
0xA0	7	加速度数据包，int16 小端表示依次为 x，y，z
0xB0	7	角速度数据包，int16 小端表示依次为 x，y，z
0xD0	7	姿态角数据包，int16 小端表示依次为 x，y，z
0xD1	17	四元素数据包，float32 小端表示依次为 x，y，z

为了发挥 IMU 的极致性能，配置 IMU 以 200 Hz 的高速率发送姿态数据，FPGA 侧通过 UART 模块对数据进行接收(波特率为 115 200 b/s)。在数据的处理上，需要首先将 IMU 数据进行自我帧对齐，然后再将 IMU 帧数据与图像帧对齐，这样才能使 IMU 的数据映射到图像的第 1 行。另外，由于当前 IMU 的刷新率远高于实际图像的帧率，为了软件使用时能更好地标定 IMU 的平移过程，需要每一帧 IMU 的帧数据前插入 1 个 4 Byte 的 Timestamp(时间戳)以备使用。以 60 Hz 图像刷新率为例，每一帧图像中平均插入 3.3 个 IMU 帧数据，实际处理需要将部分图像帧插入 3 帧 IMU 数据，余下部分图像帧插入 4 帧 IMU 数据，总体达到 IMU 200 Hz 输出且数据不丢失的动态平衡。

为了保证 IMU 数据的无损传输(原因：UVC 在图像传输过程中涉及 YUV 到 RGB 的数据格式转换，会不可避免造成数据的偏差)，需要在 FPGA 中对 IMU 数据与图像数据进行编码，编码的规则是对每一个传输的数据加一个特征编码，用于纠正数据转换造成的偏差，其原理如下：

UVC 中 YUV 与 RGB 的转换公式为

$$\begin{cases} B = 1.164(Y-16) + 2.018(U-128) \\ G = 1.164(Y-16) - 0.813(V-128) - 0.391(U-128) \\ R = 1.164(Y-16) + 1.596(V-128) \end{cases} \tag{3-26}$$

设 IMU 发送的 8 bit 原始数据为 I，假设整个计算过程完全不涉及任何的精度损失，则先按 $I_0 = (I+16)/1.164$ 计算出 I_0，然后按 $YUV = (I_0, 128, 128)$ 插入图像，就可以在接收端精确还原出 $RGB = (I, I, I)$。而在实际的运算和传输的过程中需要对计算结果进行取整处理，即实际传输的数据为 $YUV = (\mathrm{INT}(I_0), 128, 128)$。同样，PC 接收端在进行 $YUV \rightarrow RGB$ 颜色空间转换的过程中再次会对计算结果进行取整近似，因此最终得到的 $RGB = (\tilde{I}, \tilde{I}, \tilde{I})$，其中 $\tilde{I}$ 为 I 的近似值，其与 I 的偏差根据 I 值的不同而不尽相同，I 与 $\tilde{I}$ 的偏差范围为 $\Delta I = I - \tilde{I} = 0 \sim 2$。经过预计算，可以准确得到每个 I 对应的 $\tilde{I}$ 及其偏差值。为确保无损传输，针对每个 I，按其与 $\tilde{I}$ 的偏差值进行相应的特征前缀编码。接收端则根据特征前缀码在其接收的数据 $\tilde{I}$ 上加上与其对应的 ΔI 即可准确还原出原始的数据 I。

IMU 模块的输入输出接口如下：

```
1   input  wire [KEY_NUM*8-1:0]      key_code        ,
2   input  wire                      reset           ,
3   input  wire                      sys_clk         ,
4   input  wire                      pix_clk         ,
5   input  wire                      sensor_hs_i     ,
6   input  wire                      sensor_vs_i     ,
7   input  wire                      sensor_de_i     ,
8   input  wire [DATA_WIDTH-1:0]     sensor_data_i   ,
9   output reg                       sensor_hs_o     ,
10  output reg                       sensor_vs_o     ,
11  output reg                       sensor_de_o     ,
12  output reg  [DATA_WIDTH-1:0]     sensor_data_o   ,
13  input  wire                      uart_rx
```

其中图像传感器_hs_i、图像传感器_vs_i、图像传感器_de_i 是原始图像接口；图像传感器_hs_o、图像传感器_vs_o、图像传感器_de_o 是将 IMU 数据整合后的图像接口；key_code 是涉及 VMG-PROV 的按键处理的输入，将该按键的信息对齐拼接到每帧图像的 IMU 数据的末尾，且给每个按键一个特殊的按键编码，其处理方式和原理与 IMU 类似，不再赘述。最终图像中第 1 行的 IMU 的数据格式如图 3-22 所示。

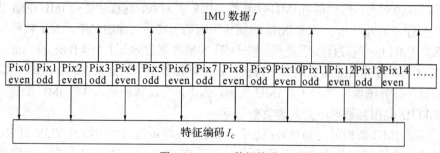

图 3-22　IMU 数据格式

图 3-22 中所有偶数 Byte 的 Pixel 为特征码,奇数 Byte 的 Pixel 为 IMU 伴随数据。由于每个 Pixel 对应的数据为 RGB 类型,而每个像素的分量 R、G、B 对应的数值是相等的,软件只需要固定取一个分量的数值即可。软件解析流程如图 3-23 所示。

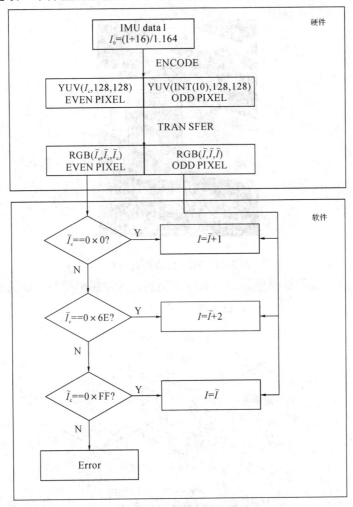

图 3-23　接收端软件解析流程

软件若想提取解析四元素数据,则需要按 Byte 递增遍寻 IMU 数据,首先匹配到 0x5AA5 即寻到帧头,然后从解析到的包数据中提取第 30 至第 45 Byte 数据(含帧头在内,第 0byte 为 0x5A),映射成 32 bit 小端的 Float 类型数据即可。

3.3　双目摄像机校准与视频透视

3.3.1　相机内参数

提到相机,经常会伴随着相机校准的问题。VMG-PROV 也是一个双目相机,也需要对它进行校准来获取它的相机参数。那什么是校准,什么又是相机参数呢?

让我们来想象一下相机是如何拍照的：首先，想象现在你手中的相机就在三维世界，它把你面前的一个三维立体的瓶子，拍成了由一排排像素组成的 2D 平面下的一张照片，其中 3D 的点 X 就成像成为照片中的 2D 的点 x，如图 3-24 所示。

图 3-24　3D 和 2D 的对应点

将其抽象成针孔摄像机模型，即前面章节提到过的摄像机模型，如图 3-25 所示。

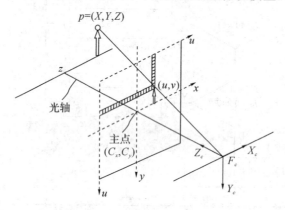

图 3-25　针孔相机模型

前面我们已经得到了投影公式

$$Z\begin{bmatrix}u\\v\\1\end{bmatrix}=\begin{bmatrix}f_x&0&C_x\\0&f_y&C_y\\0&0&1\end{bmatrix}\begin{bmatrix}R&t\\0&1\end{bmatrix}\begin{bmatrix}X_W\\Y_W\\Z_W\\1\end{bmatrix}=KTP_W \tag{3-27}$$

上面的变换等价于下面的形式($z\neq0$)

$$\begin{bmatrix}x\\y\\z\end{bmatrix}=R\cdot\begin{bmatrix}X\\Y\\Z\end{bmatrix}+t \tag{3-28}$$

$$x' = \frac{x}{z}$$

$$y' = \frac{y}{z} \tag{3-29}$$

$$u = f_x \cdot x' + cx$$
$$v = f_y \cdot y' + cy \tag{3-30}$$

真正的镜头通常有一些形变，主要的变形为径向形变，也会有轻微的切向形变。所以式(3-26)通过式(3-27)可以拓展为

$$x'' = x' \cdot (1 + k_1 \cdot r^2 + k_2 \cdot r^4) + 2 \cdot p_1 \cdot x' \cdot y' + p_2 \cdot (r^2 + 2x'^2)$$
$$y'' = y' \cdot (1 + k_1 \cdot r^2 + k_2 \cdot r^4) + p_1 \cdot (r^2 - 2 \cdot y'^2) + 2 \cdot p_2 \cdot x' \cdot y'$$

其中 $r^2 = x'^2 + y'^2$，所以

$$u = f_x \cdot x'' + cx$$
$$v = f_y \cdot y'' + cy \tag{3-31}$$

式中：k_1 和 k_2 是径向形变系数，p^1 和 p^2 是切向形变系数。OpenCV 中没有考虑高阶系数。形变系数跟拍摄的场景无关，因此它们是内参数，而且与拍摄图像的分辨率无关。

3.3.2 如何求相机参数

求相机参数步骤如下：

(1) 在把 VMG-PROV 正确组装并连接到电脑上以后，我们需要打印标定图案。先下载链接中的图片，网址如下：https://github.com/VisionerTech/stereo_calib_executable/blob/master/acircles_pattern.png。

(2) 再用 A4 纸把下载好的图片打印出来并贴到纸板上，做成一个类似于图 3-26 所示的"校准板"。

图 3-26　校准板

　　(3) 接着下载安装 Visual Studio 2012，下载地址为 https://www.microsoft.com/zh-cn/download/details.aspx?id=30682。

　　然后从 http://docs.opencv.org/2.4.11/doc/tutorials/introduction/windows_install/windows_install.html 下载安装 OpenCV(版本 2.4.X)。

　　我们提供了双目校准求相机内参的 Visual Studio 工程，此工程可以在附带 U 盘的 stereo_calib 文件夹找到，如图 3-27 所示(也可以去 https://github.com/VisionerTech/stereo_calib 页面下载)。

图 3-27　stereo_calib 工程

　　(4) 双击打开 stereo_calib 文件夹后，再双击打开 stereo_calib.sln，如图 3-28 所示。

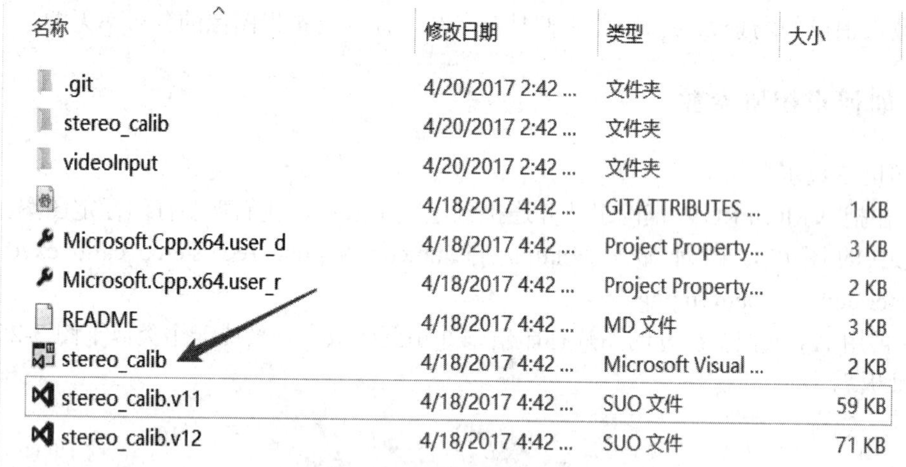

图 3-28　stereo_calib 的 SUO 文件

　　在 Visual Studio 中，我们通过使用 Property Sheet 来简化工程的配置过程。在这个工程中，我们给出了用于 Debug 和 Release 的两个 Property Sheet，方便以后使用：

Microsoft.Cpp.x64.user_d.props(For Debug)

Microsoft.Cpp.x64.user_r.props(For Release)

　　在打开"stereo_calib.sln"后，我们要根据所安装 OpenCV 的路径对 Property Sheet 作出修改，步骤如下：

　　(1) 在"View"菜单下，单击"Other Windows"，选择"Property Manager"，然后在"Property Manger"中双击打开一个"Property Sheet"，如图 3-29 所示。

图 3-29　Property Sheet

(2) 在"VC++ Directories"页面中，把"Executable Directories"、"Include Directories"和"Library Directories"改成相应的 OpenCV 路径，如图 3-30 所示。

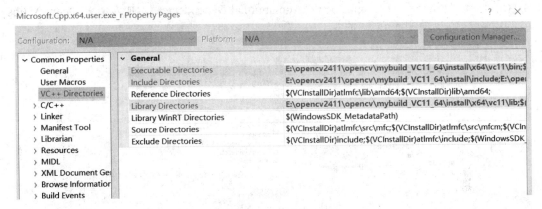

图 3-30　VC++ Directories

(3) 选择"C/C++"→"General"→"Additional Include Directories"，加入相应的 OpenCV Include 路径，如图 3-31 所示，然后加入一个叫 Video Input 的用于摄像机设置视频输入的 Library(在/stereo_calib/videoInput/中提供，原网站链接：http://www.muonics.net/school/spring05/videoInput/)。

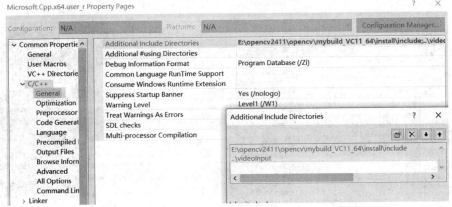

图 3-31　Additional Include Directories 添加路径

(4) 选择"Linker"→"General"→"Additional Library Directories",加入相应的 OpenCV lib 路径,同时,加入上述 Video Input 的 lib 路径,如图 3-32 所示。

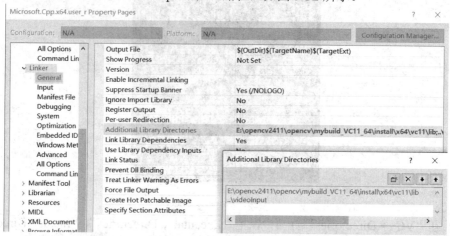

图 3-32　Additional Library Directories 添加相应路径

(5) 选择"Linker"→"input"→"Addiantional Dependecies",加入所有 OpenCV libs 和 videoInput.lib,如图 3-33 所示。

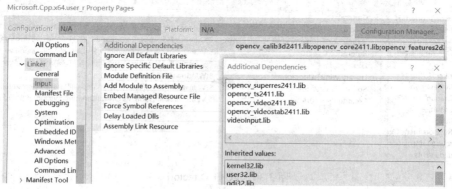

图 3-33　Additional Dependencies 添加所有 lib

需要注意的是,用于 Debug 和 Release 时的 lib 不一样。在 OpenCV 中,名称后有 d 字母的是用在 Debug 模式中,没有 d 字母的是用在 Release 中,如图 3-34 和图 3-35 所示。

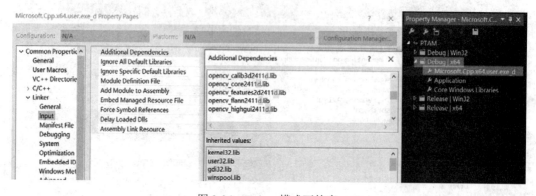

图 3-34　Debug 模式下的库

第 3 章 开 发 实 战 • 77 •

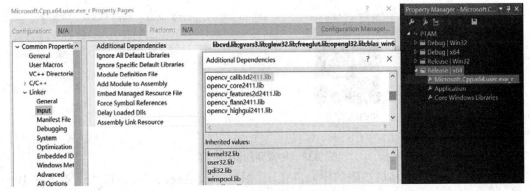

图 3-35　Release 模式下的库

(6) 填写完毕后，一定要用鼠标右键单击"Property Sheet"选择"保存"，然后工程环境就设置好了。这时单击"BUILD"菜单，选择"Build Solution"选项编译校准工程，如图 3-36 所示。

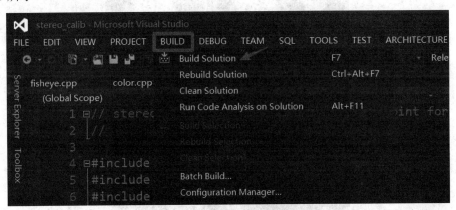

图 3-36　Build Solution

(7) 然后按下键盘上的"F5"键运行编译好的校准工程，此时需要把校准板放在镜头前，使校准板出现在左右镜头拍摄到的画面中，如图 3-37 所示。

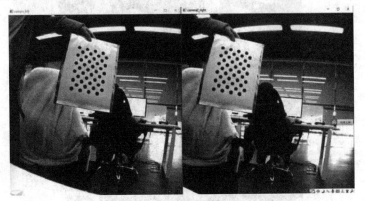

图 3-37　拍摄校准板

(8) 在键盘上按下"c"(英文小写模式下的)键，屏幕会有蓝色闪烁，显示抓到了一对校准图像，并存在了"/save_image/"下面，如图 3-38 所示。

比电脑 › 新加卷 (E:) › stereo_calibration-master › stereo_calib › stereo_calib › save_image

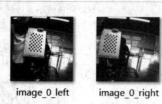

image_0_left　　　　image_0_right

图 3-38　拍摄到的校准图像

(9) 移动校准板到相机视野的不同位置，并且变换校准板的角度，按 "c" 键抓取 10～15 组对校准图像，如图 3-39 所示。

图 3-39　校准板的多次拍摄

(10) 单击 camera_left 窗口，按下键盘上的 "Esc" 键，程序会检测校准图像对，并进行计算。接着校准过的图像会显示在画面上，如图 3-40 所示。

图 3-40　校准过的图像显示

(11) 最后按下键盘上的"Esc"键，校准参数存到了"/save_param/"文件夹下，如图 3-41 所示。

电脑 > 新加卷 (E:) > stereo_calibration-master > stereo_calib > stereo_calib > save_param			
名称 ^	修改日期	类型	大小
卷	2/13/2017 2:59 ...	GITKEEP 文件	0 KB
calib_para	8/30/2017 4:45 ...	YML 文件	38,070 KB
extrinsics	8/30/2017 4:46 ...	YML 文件	2 KB
intrinsics	8/30/2017 4:46 ...	YML 文件	1 KB
validRoi	8/30/2017 4:46 ...	YML 文件	1 KB

图 3-41　校准参数的储存

3.3.3　参数文件说明

上一步刚刚更新的"/save_param/"文件夹下保存了 4 个文件，其中：

calib_param 是定点数形式的校准查找表。

extrinsics 是相机的外参。

validRoi 是校准后有效内容的区域，因为校准会压缩或者拉抻变形，所以校准后的图像会有黑边，这个 validRoi 就是不带黑边的区域范围。

intrinsics 是相机的内参，内容如图 3-42 所示。

```
%YAML:1.0
image_width: 1080
image_height: 1080
M1: !!opencv-matrix
   rows: 3
   cols: 3
   dt: d
   data: [ 9.8399390813916591e+002, 0., 6.0728418033834441e+002, 0.,
       9.8268912331188562e+002, 5.4773207678638926e+002, 0., 0., 1. ]
D1: !!opencv-matrix
   rows: 1
   cols: 8
   dt: d
   data: [ -3.6647850180693148e-001, 2.1637577913811798e-001,
       1.9783017405018053e-003, 2.9868748852812622e-004,
       -8.4932115523254914e-002, 0., 0., 0. ]
M2: !!opencv-matrix
   rows: 3
   cols: 3
   dt: d
   data: [ 9.9164467713222905e+002, 0., 5.1116137315408338e+002, 0.,
       9.9062604479999925e+002, 5.5734160432316969e+002, 0., 0., 1. ]
D2: !!opencv-matrix
   rows: 1
   cols: 8
   dt: d
   data: [ -3.6162722654652357e-001, 2.2048655984959512e-001,
       1.9165475702842682e-003, 6.5885410118276817e-004,
       -1.0932723414483127e-001, 0., 0., 0. ]
```

图 3-42　相机参数

第一行表明了这是个 YAML 文件，接下来是图像的宽和高，之后出现了四个矩阵 M1、D1、M2、D2，其中 M1 是双目相机中左眼相机的内参数矩阵；D1 是双目相机中左眼的畸变参数；同理 M2 和 D2 是相机右眼的内参和畸变参数。

注：3.1.1 ～ 3.3.3 请参考 http://blog.csdn.net/u010784534/article/details/24323643 和 Multiple View Geometry in Computer Vision (Richard Hartley)

3.3.4 双目视频透视源码工程

VMG 头显的相机和人眼位置是不同的，而且相机与人眼成像的光学特性也有所差异，所以在经过校准后，我们仍然需要对校准后的画面尺寸进行调整，使得在一定范围内原本物体的大小在头显上的画面和裸眼的画面一致。我们把这个效果叫做"虚拟透明"，如图 3-43 所示，它是结合智能眼镜的硬件、光学和结构计算出来的。

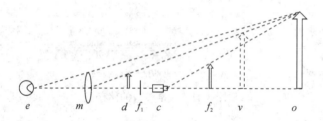

图 3-43　虚拟透明

假设所有光轴共线，我们有如下两组公式

$$R_x = \frac{D_{md}(D_{ev}+D_{mv})(D_{eo}-D_{mc}-D_{em})P_{dx}}{\dfrac{f_1 D_{md}}{f_1-D_{md}}D_{eo}\dfrac{f_2}{P_{cx}}S_{cx}} \tag{3-32}$$

$$R_y = \frac{D_{md}(D_{em}+D_{mv})(D_{eo}-D_{mc}-D_{em})P_{dy}}{\dfrac{f_1 D_{md}}{f_1-D_{md}}D_{eo}\dfrac{f_2}{P_{cy}}S_{cy}} \tag{3-33}$$

这两个公式就决定了最终图像在屏幕上的缩放比例，其中：

(1) D_{md}、D_{mv}、D_{ev}、D_{eo}、D_{mc}、D_{em} 是图中标示的两点之间的距离；

(2) f_1 和 f_2 分别是显示物镜和相机镜头的焦距；

(3) S_{cx}、S_{cy} 为屏幕对应方向上的长度；

(4) P_{cx}、P_{cy}、P_{dx}、P_{dy} 为相机传感器和显示屏幕上像素在对应方向上的尺寸。

所有的 VMG-PROV 用的都是同一个缩放比例。我们提供了一个基于 OpenCV 的视频透视工程，给大家做一个参考范例。链接：https://github.com/VisionerTech/stereo_seethrough_unity。

编译并运行步骤如下：

(1) 在 Visual Studio 2013 中打开"/stereo_seethrough_unity/RenderingPlugin/VisualStudio2013/RenderingPlugin.sln"，选择"Linker"→"Input"→"Additional Dependecnies"，加入所有 Open CV libs 和 videoInput.lib，如图 3-44 所示。

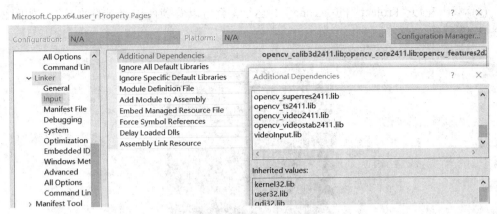

图 3-44　视频透视 Additional Dependencies

　　根据上一节双目校准源码工程，链接 OpenCV 库(由于使用 Visual Studio 2013 版本，所有 v11 文件夹改成相应的 v12)和相应的 Video Input 库(位置在 stereo_seethrough_unity/enderingPlugin/vi deoInput)，然后编译发布版本。编译过程中，会自动把 Rendering Plugin.dll 拷贝到 Unity Project 下面相应的文件夹中。

　　(2) 拷贝双目校准程序的输出"/save_param/"下的所有文件覆盖当前"/stereo_ seethrough_unity-master/RenderingPluginExample52_stereo_seethrough/UnityProject/save_param"目录下的内容。

　　(3) 用 Unity(推荐版本 5.4.0f3)打开"/stereo_seethrough_unity-master/RenderingPluginExample52_stereo_seethrough/UnityProject"文件夹，如图 3-45、图 3-46 所示。

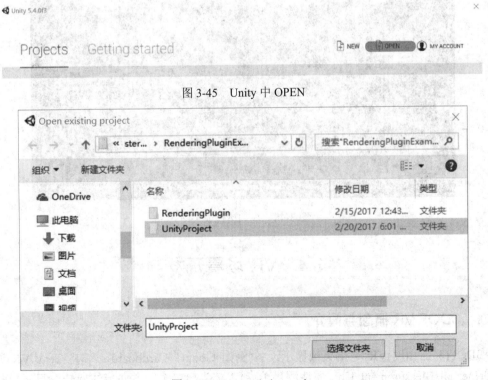

图 3-45　Unity 中 OPEN

图 3-46　Open existing project

(4) 双击左边"Project"的"scene"并运行，就可以看到视频透视的效果了，如图 3-47 及图 3-48 所示。

图 3-47　Unity 中的 scene

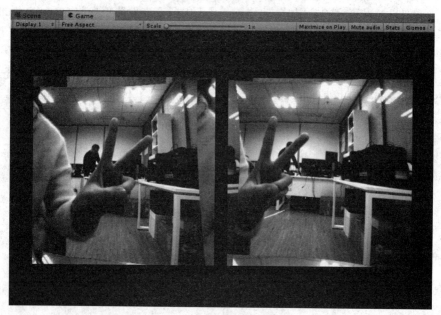

图 3-48　视频透视成果图

3.4　VR 场景开发

3.4.1　3DOF VR 概念与简介

　　3DOF(3 自由度)VR 是指头戴显示设备(例如 Google Cardboard，三星 Gear VR)通过 IMU(Inertial Measurement Unit 惯性测量单元)跟踪头部三个轴方向上的旋转，显示出相应画面，如图 3-49 所示。

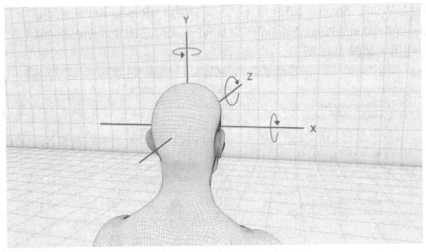

图 3-49　3DOF 头部跟踪

3.4.2　用 VMG-PROV 实现 3DOF VR 应用

首先，我们需要将 VMG-PROV 正确连接电脑，摄像头、屏幕都处于正常工作状态。然后在 https://github.com/VisionerTech/IMU_demo 中下载 3DOF VR 样例工程。样例工程实现了 3DOF VR 场景，如图 3-50 所示。

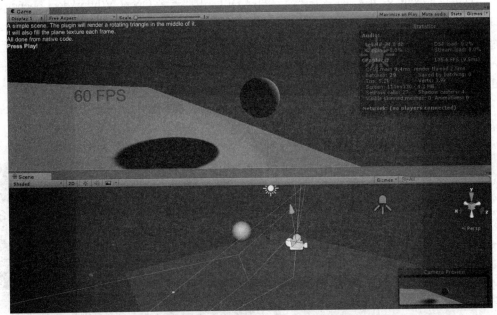

图 3-50　3DOF VR 样例工程运行效果示意图

样例工程分为以下两部分：

（1）"\IMU_demo\RenderingPluginExample52\RenderingPlugin\VisualStudio2013" 文件夹下存放了渲染底层实现，IMU 数据读取与校准同步等实现的 VisualStudio2013 工程。

(2) "\IMU_demo\RenderingPluginExamplc52\UnityProject"文件夹下存放了 Unity 3D 样例工程。Visual Studio 2013 工程会编译出 "RenderingPlugin.dll"，并拷贝到 "\IMU_demo\RenderingPluginExample52\UnityProject\Assets\Plugins\x86_64"文件夹下供 Unity 工程使用，如图 3-51 所示。

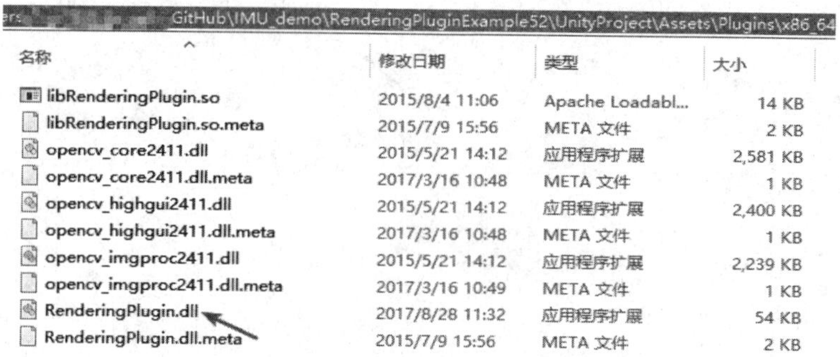

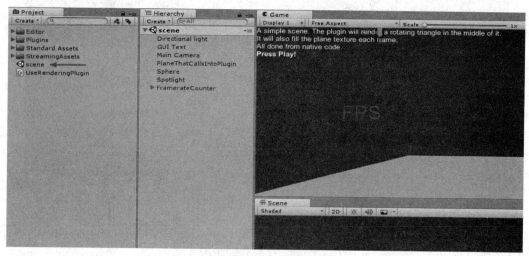

图 3-51　Unity 依赖的 dll 示意图

样例 Unity 工程依赖如下：

(1) Unity 3D(https://unity3d.com/)64 位版本(样例工程使用 Unity 5.4.0f3 (64-bit))。

(2) Visual Studio 2013 运行时库(https://www.microsoft.com/en-us/download/details.aspx?id=40784)。

(3) (可选)Visual Studio 2013。如果用户需要自行编译 DLL，需要安装完整版本的 Visual Studio 2013。

(4) (可选)OpenCV2.4.X。如果用户需要编译 DLL，需要安装 OpenCV(http://docs.opencv.org/2.4.11/doc/tutorials/introduction/windows_install/windows_install.html)，打开"\IMU_demo\RenderingPluginExample52\RenderingPlugin\VisualStudio2013"文件夹中的 Visual Studio 2013 工程，配置到本地 OpenCV 环境(http://docs.opencv.org/2.4.11/doc/tutorials/introduction/windows_visual_studio_Opencv/windows_visual_studio_Opencv.html)，编译。

在依赖安装完成后，我们用 Unity Editor 打开样例工程。双击"Project"面板中的"scene"场景，如图 3-52 所示。

图 3-52　Unity Editor，"scene"场景示意图

"scene"场景实现了 Unity 虚拟摄像机完全跟随头部旋转渲染场景的功能，工程结构如下：

(1) Main Camera。"Main Camera"是场景中的主摄像机，运行后将根据 VMG 头盔旋转。

(2) Plan That Calls Into Plugin。Plan That Calls Into Plugin 是场景中的地面平面，挂载了"Use Rendering Plugin"脚本，此脚本负责调用"Rendering Plugin.dll"，实现了底层渲染，获取解析 IMU 数据，根据旋转四元数控制"Main Camera"的旋转。

(3) Sphere。"Sphere"是场景中的样例三维球体。

点击"运行"按钮，移动 VMG 头盔，可以看到 3DOFVR 运行效果，如图 3-53 所示。

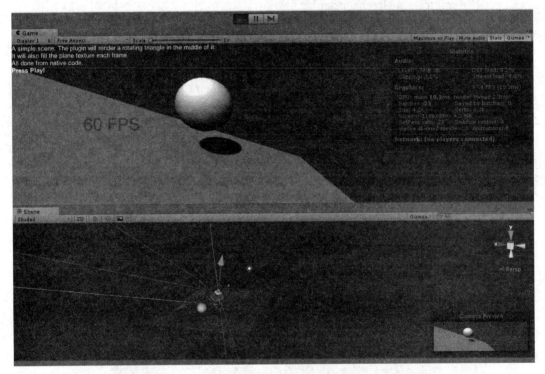

图 3-53 3DOFVR 运行效果图

对于关键的"Use Rendering Plugin"脚本中 IMU 有关函数与 API 解读如下：

(1) 调用 dll 中 c++ 实现的接口函数：

private static extern Boolean OpenWebCam();

判断 VMG 设备是否正常工作，并打开摄像头(本例中我们并不需要摄像头图像数据)。成功返回"True"，失败返回"False"。

private static extern void DestroyWebCam();

释放摄像头资源，关闭摄像头，程序结束时调用。

private static extern int GetIMUQuaterionLength();

取得 IMU 四元数数组长度，VMG IMU 以 200 Hz 的频率采样上传旋转数据，摄像头以 60Hz 的频率采集上传图像数据，IMU 数据在底层同步后，一帧图像数据可能包含 3 到 4 帧 IMU 数据，每一次获取 IMU 旋转数据前都必须先得到数据长度，一个 IMU 旋转数据为一个四元数(4 个 Float 组成的数组)，函数返回当前图像帧的 IMU 四元数数组总长度。

```
private static extern IntPtr GetQuaterionVector();
```
取得 IMU 四元数数组指针，返回 IMU 四元数数组指针。

(2) 使用 IMU 四元数控制虚拟摄像机旋转的方法。

```
private float[] imu_q_array = new float[4];
……
int quaterion_vec_length = GetIMUQuaterionLength ();
if (quaterion_vec_length > 4)
{
    IntPtr ptr = GetQuaterionVector ();
    Marshal.Copy (ptr, imu_q_array, 0, 4);
}
```
得到 IMU 四元数数组后，将一个四元数(4 个 Float)拷贝到 "imu_q_array" 数组中。

```
Quaternion imu_q = new Quaternion (imu_q_array [1], -imu_q_array [3], imu_q_array
[2], imu_q_array [0]);
main_camera.transform.rotation = imu_q;
main_camera.transform.Rotate (Vector3.right * -90.0f);
```
新建一个四元数对象，将虚拟摄像机 "main_camera" 的旋转设置为此四元数。

然后我们尝试在这个 "scene" 场景中加入更多的三维物体，加入一个 "cube" 物体，如图 3-54 所示。

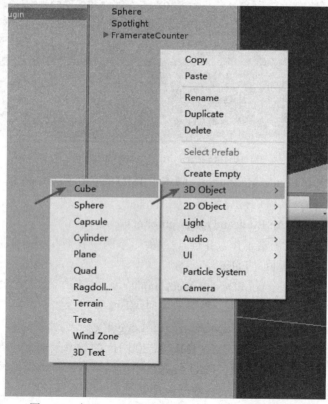

图 3-54　在 "scene" 场景中加入 "cube" 物体示意图

点击"运行"按钮就能看到新加入的模型，如图 3-55 所示。

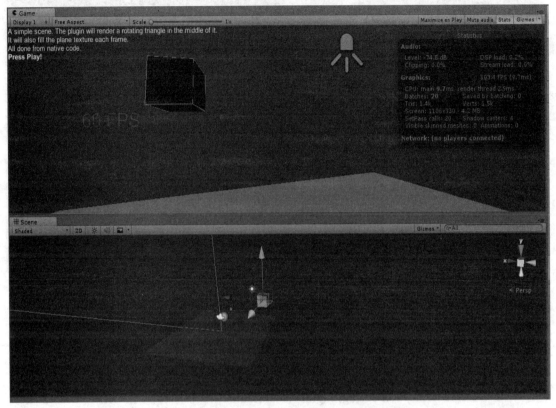

图 3-55　新加模型运行效果示意图

3.5　利用 VMG 实现 SLAM 定位及环境感知 AR 应用

3.5.1　SLAM 与 ORB-SLAM2

　　SLAM(Simultaneous localization And Mapping 同步定位与地图构建)是指一种设备从未知环境未知地点出发，在运动过程中通过观测到的地图特征来定位自身位置和姿态，同时增量式地构建地图的技术。SLAM 技术在 VR/AR 领域有着重要意义，VR/AR 头显在跟踪自身位置与姿态并构建地图后，能正确地根据头部位置与姿态渲染场景，并在真实世界中加入虚拟物体，实现 Inside-out tracking(由内而外的跟踪技术，设备自身跟踪自身位置与姿态，不需要外部 Marker、信标等)。

　　ORB-SLAM2(http://webdiis.unizar.es/~raulmur/orbslam/)是 Raúl Mur-Artal 等人开发的基于特征点与关键帧的开源 SLAM 系统，具有良好的性能与运算效率。

　　本章节描述了如何运行我们提供的 ORB-SLAM2 Unity SDK，并制作简单的 AR 场景，运行效果如图 3-56 所示。

ORB_SLAM2 Unity Demo
ORB-SLAM2: Current Frame

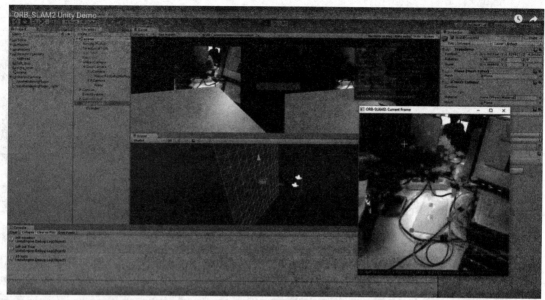

图 3-56　运行效果示意图

3.5.2　利用 VMG-PROV 运行 ORB-SLAM2 进行定位并在 Unity 中制作 AR 应用

首先我们需要在 https://github.com/VisionerTech/ORB_SLAM2_Unity 下载 ORB_SLAM2 Unity 样例工程，此工程可以作为基于 SLAM 的 VR/AR 应用开发基础。样例工程分为两部分："\ORB_SLAM2_Unity\RenderingPlugin\VisualStudio2013\" 下存放了 ORB_SLAM2 实现接口，底层渲染等实现的 Visual Studio 2013 工程将在第 3 部分(可选)如何将 ORB_SLAM2 编译供 Unity 使用中详细介绍；"\ORB_SLAM2_Unity\UnityProject\" 中存放了 Unity3D 样例工程。

然后我们检查 VMG-PROV 是否正确连接 PC，确定摄像头、屏幕都处于正常工作状态。将随机 U 盘中的"save_param"文件夹中的所有文件拷贝到本地 ORB_SLAM2_Unity 样例工程"save_param"文件夹并覆盖所有文件。"save_param"文件夹中保存了对应每一台 VMG-PROV 独一对应的摄像机参数、双目纠正文件等，如图 3-57 所示。请务必执行这个步骤，摄像机参数、双目纠正是我们使用的双目 SLAM 的基础，否则会出现 SLAM 无法正常初始化，无法正常跟踪的错误。

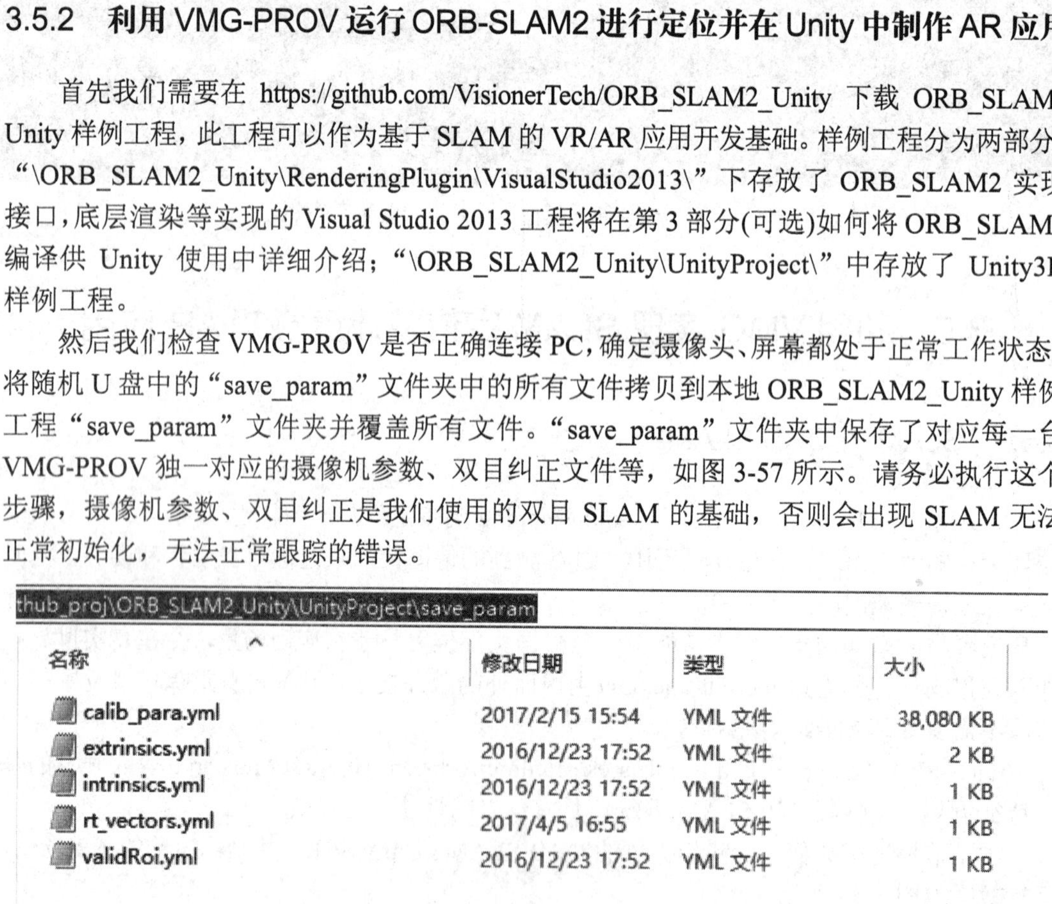

thub_proj\ORB_SLAM2_Unity\UnityProject\save_param
名称
修改日期
类型
大小
calib_para.yml
2017/2/15 15:54
YML 文件
38,080 KB
extrinsics.yml
2016/12/23 17:52
YML 文件
2 KB
intrinsics.yml
2016/12/23 17:52
YML 文件
1 KB
rt_vectors.yml
2017/4/5 16:55
YML 文件
1 KB
validRoi.yml
2016/12/23 17:52
YML 文件
1 KB

图 3-57　文件夹摄像机参数、双目纠正文件示意图

1. 样例 Unity 工程依赖

样例 Unity 工程依赖如下：

(1) Unity 3D(https://unity3d.com/)64 位版本(样例工程使用 Unity 5.4.0f3 (64-bit))。

(2) Visual Studio 2013 运行时库(https://www.microsoft.com/en-us/download/ details.aspx?id = 40784)。

(3) (可选)Visual studio 2013。如果用户需要自行编译 DLL，需要安装完整版本的 Visual Studio 2013。

(4) (可选)OpenCV 3.1.0。如果用户需要编译 DLL，需正确安装 OpenCV 3.1.0。

2. Unity 工程文件目录结构

Unity 工程文件目录结构说明如下：

(1) “\ORB_SLAM2_Unity\UnityProject\Assets\Plugins\x86_64\”文件夹下存放了 Visual Studio 工程编译输出的 dll 及依赖。“RenderingPlugin.dll”封装了 ORB_SLAM2 的实现，“opencv_xxx310.dll”为依赖的 OpenCV dll，如图 3-58 所示。

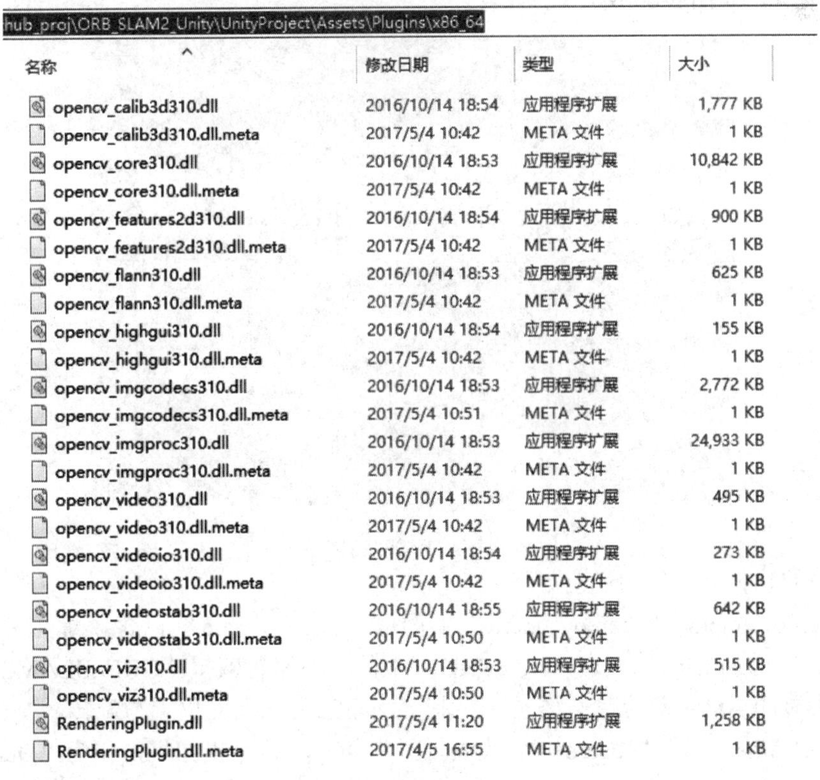
hub_proj\ORB_SLAM2_Unity\UnityProject\Assets\Plugins\x86_64

名称	修改日期	类型	大小
opencv_calib3d310.dll	2016/10/14 18:54	应用程序扩展	1,777 KB
opencv_calib3d310.dll.meta	2017/5/4 10:42	META 文件	1 KB
opencv_core310.dll	2016/10/14 18:53	应用程序扩展	10,842 KB
opencv_core310.dll.meta	2017/5/4 10:42	META 文件	1 KB
opencv_features2d310.dll	2016/10/14 18:54	应用程序扩展	900 KB
opencv_features2d310.dll.meta	2017/5/4 10:42	META 文件	1 KB
opencv_flann310.dll	2016/10/14 18:53	应用程序扩展	625 KB
opencv_flann310.dll.meta	2017/5/4 10:42	META 文件	1 KB
opencv_highgui310.dll	2016/10/14 18:54	应用程序扩展	155 KB
opencv_highgui310.dll.meta	2017/5/4 10:42	META 文件	1 KB
opencv_imgcodecs310.dll	2016/10/14 18:53	应用程序扩展	2,772 KB
opencv_imgcodecs310.dll.meta	2017/5/4 10:51	META 文件	1 KB
opencv_imgproc310.dll	2016/10/14 18:53	应用程序扩展	24,933 KB
opencv_imgproc310.dll.meta	2017/5/4 10:42	META 文件	1 KB
opencv_video310.dll	2016/10/14 18:53	应用程序扩展	495 KB
opencv_video310.dll.meta	2017/5/4 10:42	META 文件	1 KB
opencv_videoio310.dll	2016/10/14 18:54	应用程序扩展	273 KB
opencv_videoio310.dll.meta	2017/5/4 10:42	META 文件	1 KB
opencv_videostab310.dll	2016/10/14 18:55	应用程序扩展	642 KB
opencv_videostab310.dll.meta	2017/5/4 10:50	META 文件	1 KB
opencv_viz310.dll	2016/10/14 18:53	应用程序扩展	515 KB
opencv_viz310.dll.meta	2017/5/4 10:50	META 文件	1 KB
RenderingPlugin.dll	2017/5/4 11:20	应用程序扩展	1,258 KB
RenderingPlugin.dll.meta	2017/4/5 16:55	META 文件	1 KB

图 3-58 存放依赖 dll 示意图

(2) “\ORB_SLAM2_Unity\UnityProject\save_param\”路径存放了摄像机参数及双目校准文件等。

(3) “\ORB_SLAM2_Unity\UnityProject\Vocabulary\”路径存放了 ORB_SLAM2 需要的视觉特征词典库。

(4) “\ORB_SLAM2_Unity\UnityProject\ stereo_unity.yaml”为 ORB_SLAM2 的配置文

件，如图 3-59 所示。

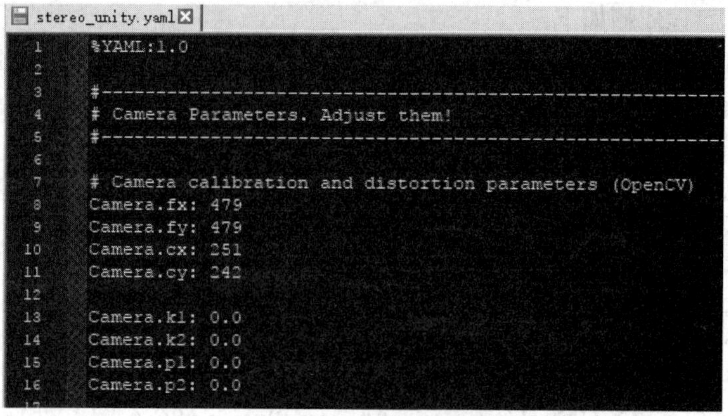

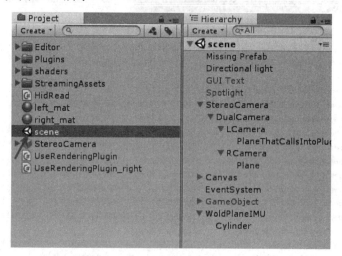

图 3-59　stereo_unity.yaml ORB_SLAM2 配置文件示意图

　　在依赖安装完成后，我们用 Unity Editor 打开样例工程，双击打开"Project"面板中的 "scene"场景，如图 3-60 所示。

图 3-60　打开"scene"场景示意图

　　场景中的物体列表结构说明如下：

　　(1) StereoCamera。"StereoCamera"下面的"DualCamera"包含了虚拟左右摄像机 "LCamera""RCamera"，代表 VMG-PROV 上的左右平行双摄。ORB_SLAM2 模块根据 物理世界头显的运动估算位置与姿态，控制"DualCamera"的位置与旋转。

　　(2) "LCamera"和"RCamera"代表场景中的左右两个摄像机，作为"DualCamera" 的子物体。

　　(3) "PlaneThatCallsIntoPlugin"和"Plane"。"LCamera"与"RCamera"下分别挂载了 "PlaneThatCallsIntoPlugin"和"Plane"两个子物体，代表现实画面屏幕墙用于渲染显示真实 摄像机拍摄到的现实画面。我们以左摄像机作为主摄像机，因此"PlaneThatCallsIntoPlugin" 还负责挂载了"UseRenderingPlugin.cs"脚本，此脚本负责调用"RenderingPlugin.dll"，实现了 底层渲染，调用 ORB_SLAM2，根据 ORB_SLAM2 与 IMU 控制"DualCamera"的位姿。渲 染方面分别使用"Rectify"和"RectifyRight"渲染器进行渲染并进行畸变双目矫正。

(4) "Button"是初始化按钮，按下后 ORB_SLAM2 重新开始初始化并开始叠加虚拟物体。

(5) "WorldPlaneIMU"和"Cylinder"。"WolrdPlaneIMU"代表 ORB_SLAM2 检测到的当前场景中的平面，虚拟物体将会叠加到这个平面上；"Cylinder"是我们加入的样例柱体。

点击"运行"按钮，系统正常运行后，点击"Button"按钮，可以看到平面叠加效果与样例柱体虚拟物体，如图 3-61 所示。假如需要加入自定义的物体，请务必根据样例加载在"WorldPlaneIMU"下作为子物体。

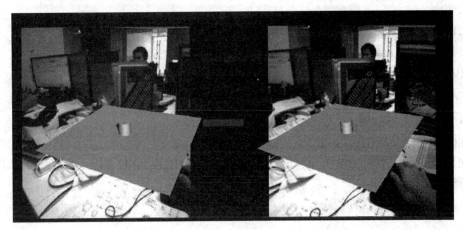

图 3-61 运行效果与平面、样例柱体示意图

3. 关键脚本解释

调用 ORB_SLAM2 与控制虚拟摄像机位姿的关键脚本"UseRenderingPlugin.cs"的解释如下：

调用 DLL 中 C++ 实现的接口函数：

(1) private static extern Boolean OpenWebCam();

判断 VMG 设备是否正常工作，并打开摄像头(本例中我们并不需要摄像头图像数据)。成功返回"True"，失败返回"False"。

(2) private static extern Boolean init_SLAM_AR();

尝试读取 ORB_SLAM2 需要的资源与文件初始化 ORB_SLAM2，包括"save_param"文件夹下的校准参数，"Vocabulary"文件夹下的特征字典库，"stereo_unity.yaml"文件。成功返回"True"，失败返回"False"。

(3) private static extern Boolean reset_SLAM();

重启 ORB_SLAM2。会在用户按下"Button"按钮或跟踪丢失一段时间后调用。

(4) private static extern void DestroyWebCam();

释放摄像头资源，关闭摄像头，程序结束时调用。

(5) private static extern IntPtr get_modelview_matrix();

从 ORB_SLAM2 获取 4 × 4 的 world to camera 转换矩阵，也称为 model view matrix。

(6) private static extern IntPtr get_plane_mean();

从 ORB_SLAM2 获取检测得到的平面中心点位置。

(7) private static extern IntPtr get_plane_normal();

从 ORB_SLAM2 获取检测得到的平面法向量。

(8) private static extern int GetIMUQuaterionLength();

取得 IMU 四元数数组长度，VMG IMU 以 200 Hz 的频率采样上传旋转数据，摄像头以 60 Hz 的频率采集上传图像数据，IMU 数据在底层同步后，一帧图像数据可能包含 3 到 4 帧 IMU 数据，每一次获取 IMU 旋转数据前都必须先得到数据长度，一个 IMU 旋转数据为一个四元数(4 个 Float 组成的数组)，函数返回当前图像帧的 IMU 四元数数组总长度。

(9) private static extern IntPtr GetQuaterionVector();

取得 IMU 四元数数组指针，返回 IMU 四元数数组指针。

(10) private static extern int GetTrackingState();

获取当前的 SLAM 系统跟踪状态，返回 2 为正常工作，返回 3 为跟踪丢失。

4. 关键部分代码解读

ORB_SLAM2 获取摄像机位姿关键部分代码解读如下：

在场景初始化步骤中加入读取摄像头，初始化 ORB_SLAM2 部分，执行成功才进行下一步操作。

```
247: IEnumerator Start()
{
...
260:if (OpenCamera() && init_SLAM_AR()) {
...
}
```

在每一帧的调用函数中获取 ORB_SLAM2 提供的转换矩阵和同步的 IMU 数据，并控制虚拟摄像机的位置和旋转。

```
428:        private IEnumerator CallPluginAtEndOfFrames()
{
...
//获取 IMU 数据四元数长度
483: int quaterion_vec_length = GetIMUQuaterionLength ();
...
//如果 IMU 数据四元数正常，我们只使用第一帧的四元数
360: if (quaterion_vec_length > 4) {
IntPtr ptr = GetQuaterionVector ();
Marshal.Copy (ptr, imu_q_array, 0, 4);
imu_q_image = new Quaternion (imu_q_array [1], -imu_q_array [2], -imu_q_array [3],
imu_q_array [0]);
//通过当前帧的旋转四元数插值控制 DualCamera 的旋转
DualCamera.transform.rotation = Quaternion.Slerp(DualCamera.transform.rotation, imu_q_image,
Time.deltaTime*80);
```

```
        }
//获取 ORB_SLAM2 输出的转换矩阵
505：IntPtr ModelViewMatrixPtr = get_modelview_matrix();
Marshal.Copy (ModelViewMatrixPtr, mModelViewMatrix, 0, 16);
525：W2C_matrix.m00 = (float)mModelViewMatrix [0];
W2C_matrix.m01 = (float)mModelViewMatrix [4];
W2C_matrix.m02 = (float)mModelViewMatrix [8];
W2C_matrix.m03 = (float)mModelViewMatrix[12];
W2C_matrix.m10 = (float)mModelViewMatrix [1];
W2C_matrix.m11 = (float)mModelViewMatrix [5];
W2C_matrix.m12 = (float)mModelViewMatrix [9];
W2C_matrix.m13 = (float)mModelViewMatrix [13];
W2C_matrix.m20 = (float)mModelViewMatrix [2];
W2C_matrix.m21 = (float)mModelViewMatrix [6];
W2C_matrix.m22 = (float)mModelViewMatrix [10];
W2C_matrix.m23 = (float)mModelViewMatrix [14] ;
W2C_matrix.m30 = 0;
W2C_matrix.m31 = 0;
W2C_matrix.m32 = 0;
W2C_matrix.m33 = 1;
//从转换矩阵中提取相应的旋转与位置
549：Matrix4x4 C2W_matrix_RH = W2C_matrix.inverse;
Vector3 camera_position_RH = PositionFromMatrix (C2W_matrix_RH);
camera_position_LH = camera_position_RH;
camera_position_LH.y = -camera_position_LH.y;
//控制 DualCamera 的位置
575：
DualCamera.transform.localPosition = Vector3.Slerp(DualCamera.transform.localPosition,
camera_position_LH, Time.deltaTime*30);
        }
```

现在让我们尝试添加更多的虚拟物体进场景中。

"WorldPlaneIMU"是估计的平面位置，请将需要加入的物体作为子物体加到"WorldPlaneIMU"下，如图 3-62、图 3-63 所示，运行效果如图 3-64 所示。

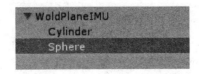

图 3-62 加入"Sphere"子物体到"WorldPlaneIMU"

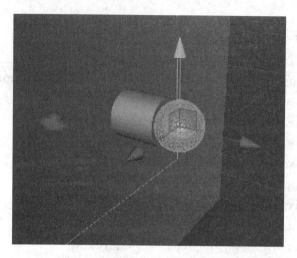

图 3-63 加入"Sphere"子物体到"WorldPlaneIMU"示意图

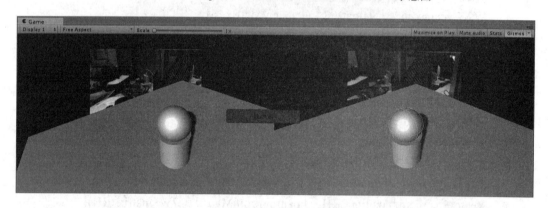

图 3-64 运行效果示意图

附　　录

模拟增益表					线性模式		高动态模式	
R0×3060	模拟增益	R0×3100	转换系数	总增益	R0×3096	R0×3098	R0×3096	R0×3098
0×000b	1.52	0×0000	1.00	1.52	0×0080	0×0080	0×0480	0×0480
0×000c	1.60	0×0000	1.00	1.60	0×0080	0×0080	0×0048	0×0048
0×000d	1.68	0×0000	1.00	1.68	0×0080	0×0080	0×0048	0×0048
0×000e	1.78	0×0000	1.00	1.78	0×0080	0×0080	0×0048	0×0048
0×000f	1.88	0×0000	1.00	1.88	0×0080	0×0080	0×0048	0×0048
0×0010	2.00	0×0000	1.00	2.00	0×0080	0×0080	0×0048	0×0048
0×0012	2.13	0×0000	1.00	2.13	0×0080	0×0080	0×0048	0×0048
0×0014	2.29	0×0000	1.00	2.29	0×0080	0×0080	0×0048	0×0048
0×0016	2.46	0×0000	1.00	2.46	0×0080	0×0080	0×0048	0×0048
0×0018	2.67	0×0000	1.00	2.67	0×0080	0×0080	0×0048	0×0048
0×0000	1.00	0×0004	2.70	2.70	0×0080	0×0080	0×0078	0×0078
0×0001	1.03	0×0004	2.70	2.79	0×0080	0×0080	0×0078	0×0078
0×0002	1.07	0×0004	2.70	2.88	0×0080	0×0080	0×0078	0×0078
0×0003	1.10	0×0004	2.70	2.98	0×0080	0×0080	0×0078	0×0078
0×0004	1.14	0×0004	2.70	3.09	0×0080	0×0080	0×0078	0×0078
0×0005	1.19	0×0004	2.70	3.20	0×0080	0×0080	0×0078	0×0078
0×0006	1.23	0×0004	2.70	3.32	0×0080	0×0080	0×0078	0×0078
0×0007	1.28	0×0004	2.70	3.46	0×0080	0×0080	0×0078	0×0078
0×0008	1.33	0×0004	2.70	3.60	0×0080	0×0080	0×0078	0×0078
0×0009	1.39	0×0004	2.70	3.76	0×0080	0×0080	0×0078	0×0078
0×000a	1.45	0×0004	2.70	3.93	0×0080	0×0080	0×0078	0×0078
0×000b	1.52	0×0004	2.70	4.11	0×0080	0×0080	0×0078	0×0078
0×000c	1.60	0×0004	2.70	4.32	0×0080	0×0080	0×0078	0×0078
0×000d	1.68	0×0004	2.70	4.55	0×0080	0×0080	0×0078	0×0078

续表

模拟增益表					线性模式		高动态模式	
R0×3060	模拟增益	R0×3100	转换系数	总增益	R0×3096	R0×3098	0×3096	0×3098
0×000e	1.78	0×0004	2.70	4.80	0×0080	0×0080	0×0078	0×0078
0×000f	1.88	0×0004	2.70	5.08	0×0080	0×0080	0×0078	0×0078
0×0010	2.00	0×0004	2.70	5.40	0×0080	0×0080	0×0078	0×0078
0×0012	2.13	0×0004	2.70	5.76	0×0080	0×0080	0×0078	0×0078
0×0014	2.29	0×0004	2.70	6.17	0×0080	0×0080	0×0078	0×0078
0×0016	2.46	0×0004	2.70	6.65	0×0080	0×0080	0×0078	0×0078
0×0018	2.67	0×0004	2.70	7.20	0×0080	0×0080	0×0078	0×0078
0×001a	2.91	0×0004	2.70	7.85	0×0080	0×0080	0×0078	0×0078
0×001c	3.20	0×0004	2.70	8.64	0×0080	0×0080	0×0078	0×0078
0×001e	3.56	0×0004	2.70	9.60	0×0080	0×0080	0×0078	0×0078
0×0020	4.00	0×0004	2.70	10.80	0×0080	0×0080	0×0078	0×0078
0×0022	4.27	0×0004	2.70	11.52	0×0080	0×0080	0×0078	0×0078
0×0024	4.57	0×0004	2.70	12.34	0×0080	0×0080	0×0078	0×0078
0×0026	4.92	0×0004	2.70	13.29	0×0080	0×0080	0×0078	0×0078
0×0028	5.33	0×0004	2.70	14.40	0×0080	0×0080	0×0078	0×0078
0×002a	5.82	0×0004	2.70	15.71	0×0080	0×0080	0×0078	0×0078
0×002c	6.40	0×0004	2.70	17.28	0×0080	0×0080	0×0078	0×0078
0×002e	7.11	0×0004	2.70	19.20	0×0080	0×0080	0×0078	0×0078
0×0030	8.00	0×0004	2.70	21.60	0×0080	0×0080	0×0078	0×0078
0×0032	8.53	0×0004	2.70	23.04	0×0080	0×0080	0×0078	0×0078
0×0034	9.14	0×0004	2.70	24.69	0×0080	0×0080	0×0078	0×0078
0×0036	9.85	0×0004	2.70	26.58	0×0080	0×0080	0×0078	0×0078
0×0038	10.67	0×0004	2.70	28.80	0×0080	0×0080	0×0078	0×0078
0×003a	11.64	0×0004	2.70	31.42	0×0080	0×0080	0×0078	0×0078
0×003c	12.80	0×0004	2.70	34.56	0×0080	0×0080	0×0078	0×0078
0×003e	14.22	0×0004	2.70	38.40	0×0080	0×0080	0×0078	0×0078
0×0040	16.00	0×0004	2.70	43.20	0×0080	0×0080	0×0078	0×0078

模拟增益值 = (2^coarse_gain)×32/(32-fine_gain)

备注：

coarse_gain 值对应寄存器 R0 × 3060[6:4]或 R0 × 3060[14:12]的值；

fine_gain 值对应寄存器 R0 × 3060[3:0]或 R0 × 3060[11:8]的值。

数字增益表	
R0×3068	数字增益
85	1.04

数字增益寄存器 R0×3068	

ARO230 数字增益的值表示成: xxxx.yyyyyyy

寄存器的高 4 位'xxxx'(R0×3068[10:07])代表整数值，低 7 位'yyyyyyy'(R0×3068[6:0])依次代表小数值 1/2、1/4、1/8、1/16、1/32、1/64、1/128。

例如，为了得到增益值 6.75x，R0×3068 需要设置成 0b01101100000(0b 开头表示二进制)。

1/2	05000000
1/4	0.2500000
1/8	0.1250000
1/16	0.0625000
1/32	0.0312500
1/64	0.0156250
1/128	0.0078125

备注:

1. 线性模式和高动态模式需要设置不同的增益转换系数。

2. 数字增益建议只用在白平衡调节，以及在任何时候数字增益都不要低于 10.4×。

3. 线性模式的最大模拟增益建议不要超过 16×，高动态模式不要超过 12×，当芯片温度超过 85℃ 时，建议调小模拟增益值。

高动态模式建议：模拟增益小于 6x；数字增益小于 5x

参 考 文 献

[1]　何宾. Xilinx FPGA 设计权威指南. 北京：清华大学出版社，2012.

[2]　康磊，宋彩利，李润洲. 数字电路设计及 Verilog HDL 实现. 西安：西安电子科技大学出版社，2016.

[3]　［美］Sanir Palnitkar. Verilog HDL 数字设计与综合. 2 版. 夏宇闻，胡燕祥，刁岚松，译. 北京：电子工业出版社，2009.

[4]　［美］冈萨雷斯，等. 数字图像处理. 阮秋琦，等，译. 北京：电子工业出版社，2017.